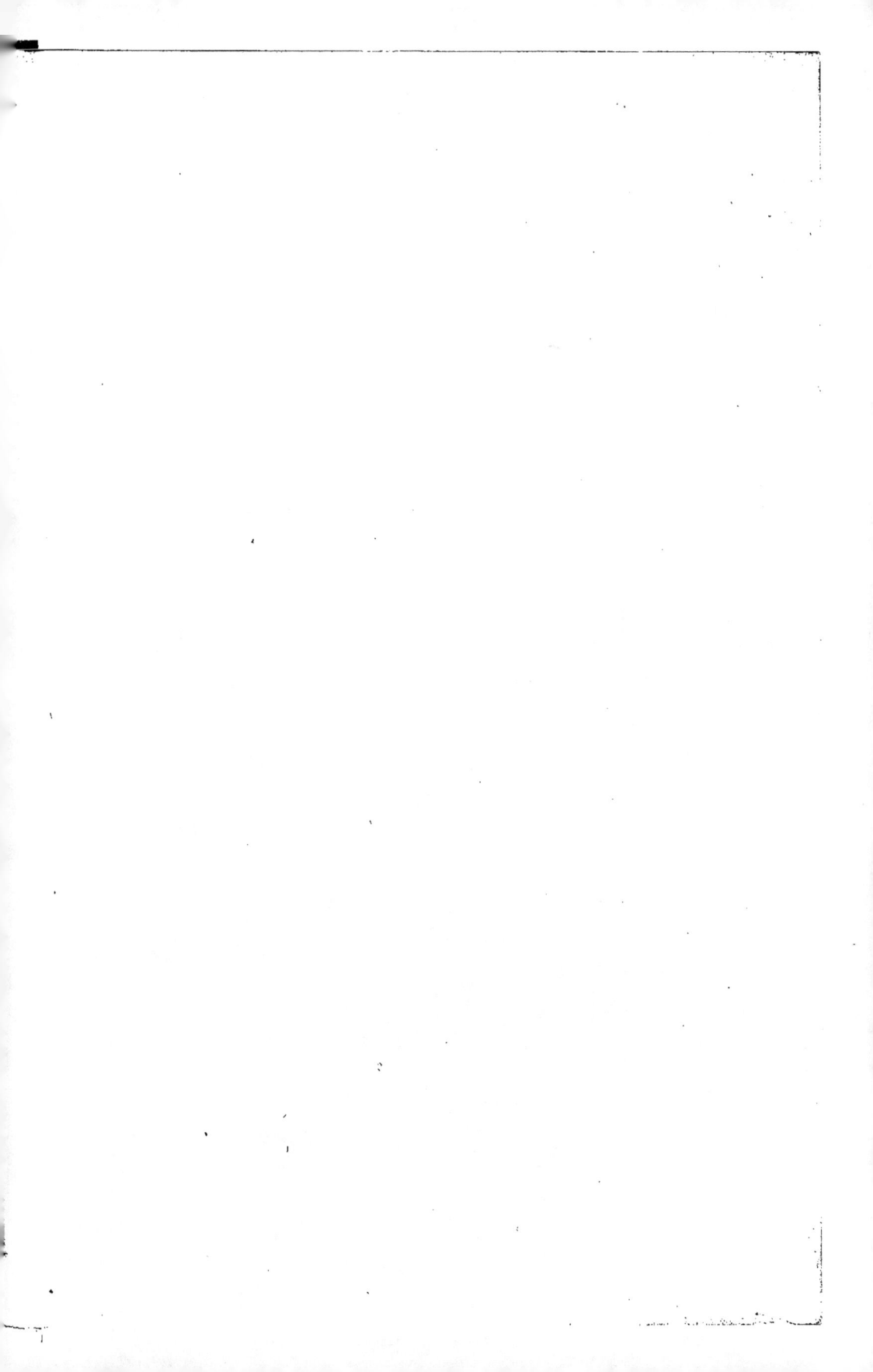

# ELLE SE MEURT

# NOTRE AGRICULTURE

### SA LETTRE AUX DÉPUTÉS

### SA PÉTITION AUX SÉNATEURS

## ELLE VA RENAITRE

## PAR SA BANQUE SPÉCIALE

## PAR SON MINISTÈRE SPÉCIAL

## PAR LE DROIT D'OCCUPATION

### REMPLAÇANT L'OCTROI-RÉGIE.

# UN CONGRÈS AGRICOLE

### P. GOSSET,

### ENFANT DE L'AGRICULTURE.

**130, faubourg Poissonnière.**

# TABLE DES MATIÈRES.

# L'AGRICULTURE

## SA LETTRE A MM. LES DÉPUTÉS

### A L'OUVERTURE DE LA SESSION LÉGISLATIVE DE 1866.

MESSIEURS MES DÉLÉGUÉS,

> « Tout ce que vous demanderez à mon Père,
> « en mon nom, il vous l'accordera. »   S. C.

Vous venez de passer quelques mois au milieu de mes domaines..,
Et vous avez entendu les plaintes, les soupirs de mes sujets... Vous
connaissez leurs souffrances... Vous avez vu mes mamelles desséchées...
Elles seraient bientôt taries.

Vous vous rendez au temple de la législation, là d'où émane le bien,
le mal, avec l'intention bien ferme de plaider ma cause avec ardeur, afin
d'obtenir tout ce qui me manque pour que j'assure à tous la prospérité
en recouvrant la santé, la fécondité.

J'apprécie vos bonnes et honnêtes dispositions ; mais je vous connais,
et permettez-moi de vous le dire, je redoute vos défaillances.

Votre fermeté, vos bonnes résolutions fléchissent trop facilement devant l'entraînement, la fascination de quelques paroles brillantes ; de
quelques promesses fallacieuses. On vous flattera, on vous promènera,
puis on vous ajournera.

Et pendant ce temps, le mal gagnera, gagnera encore. Au fond et dans
une certaine sphère, on me méprise, on se soucie peu de ma pauvreté,
on me tient à distance, on est oublieux, on se montre ingrat.

Je viens vous le dire avec franchise et avec connaissance de cause,
afin de m'assurer de vous par FERMETÉ, ÉNERGIE, PERSÉVÉRANCE, OPI-
NIATRETÉ...

D'un autre côté, les grosses compagnies financières industrielles en-
vahissent, absorbent de plus en plus...

Le parti de la finance, de l'agiotage PRIME partout, fait prime sur tout.
Il stérilise vos campagnes du capital, il le porte impudemment, traîtreu-
sement chez les étrangers.

On croit avoir tout dit, tout accompli, alors que on a dit :
« Que l'agriculture se remue, qu'elle soit intelligente et se fasse in-
« dustrielle... Et on lui refuse ce qu'elle n'a pas, ce qu'il lui faut pour
« cela, le *capital*, le *crédit*, une législation, rajeunie, pure, simple, etc.
« Ah ! vraiment, il y a là plus que de la raillerie.

Peut-être aussi qu'une voix s'élancera du haut du Conseil d'État pour
vous arrêter en vous disant : « Rassurez-vous, Messieurs, si le Crédit
agricole n'est pas entré encore pleinement dans son mandat, il va le
faire, il est jeune et plein d'ardeur. Il se consacrera tout à vous à présent qu'il compte en votre assemblée son honorable gouverneur... Eh

bien, il n'en serait rien, et vous ne devrez pas accorder foi à ces paroles. Les six années d'existence de ce crédit ont été stériles... Elles ont prouvé que la base est mauvaise et l'esprit de l'administration mal inspiré. L'entrée en votre sanctuaire de M. le gouverneur, ne changera rien à cela. « Il *nous faut puiser à une source nouvelle.* »

Dans cette situation, au milieu de ces périls grossissants, un homme, travailleur intrépide, clairvoyant et persévérant s'est attaché corps et âme à notre cause, il en a fait *sienne*, — Accueillez-le, ouvrez-lui toutes les issues.

Il demande pour nous, sans qu'il ne coûte rien à l'État, au contraire :

1º Un ministère spécial, direct, à moi-même.

« Le MINISTÈRE DE L'AGRICULTURE, DES EAUX ET FORÊTS. »

2º Une banque spéciale à nos intérêts, garantie, cautionnée par le sol, pour nous-mêmes.

« La BANQUE DE L'AGRICULTURE et des industries qu'elle crée. »

Or, le terrain, les domaines qui sont à explorer, sont LIBRES ; nulle combinaison ne s'en occupe ni préoccupe.

« Rien donc ne *saurait* faire *obstacle.* »

Et de ces deux créations résulteront pour nous, pour tous, les sécurités, toutes les prospérités.

Ce qu'il vous présente comme devant remplacer les droits d'octroi, régie, etc., etc., mérite votre examen le plus approfondi (Voir p. 22).

Mon peuple, mes sujets attendent avec émotion et impatience que le signal parte de votre sanctuaire pour se ranger sous la bannière de ce parti réformateur, régénérateur.

Faites donc cela, législateurs ; soyez initiateurs, vous avez assez attendu, trop cru, espéré. — Repoussez tout ajournement ; le temps presse, le sol s'épuise.

Et alors vous aurez relevé mon culte, vous m'aurez rendue NOBLE et FIÈRE. Et nos populations vous rendront des actions de grâces.

Votre déesse et mère nourricière, agonissante,

L'AGRICULTURE.

Paris, 20 janvier 1866.

..., se plaçant sous cette puissante recommandation, se permet de prier Messieurs les députés d'accueillir avec bienveillance ses travaux, de leur accorder leur sérieuse attention, et de ne pas se fatiguer de ses démarches auprès d'eux. » — Il leur ... assurance que ce petit volume renferme les documents bien plus intéressants que ... contiennent de gros volumes *bleus* et *jaunes*.

Au dernier instant, 12 février, j'ose venir donner le conseil de ne pas s'endormir sur cette promesse d'une *sérieuse* enquête... Voyez plus loin les chapitres commissions, enquêtes, congrès.

# PÉTITION A MM. LES SÉNATEURS

## AU NOM DE L'AGRICULTURE

### AFIN DE CONSTATER ET FAIRE PRÉVALOIR

#### SES DROITS A SE PROTÉGER ET SE FORTIFIER ELLE-MÊME

Par la constitution d'un MINISTÈRE spécial direct ;

Par la création d'une BANQUE directe à elle ;

Par la suppression des Octrois, Régie, dont elle présente le remplaçant.

### Par GOSSET.

———————

MESSIEURS LES SÉNATEURS,

Rien n'est plus sérieux que ces trois points sus-mentionnés. Rien n'est plus digne de votre attention, de votre respect, j'oserai dire votre *adoration*, que l'intérêt agricole. Vous savez combien il est en souffrance ; vous avez entendu les gémissements sortis de quelques bouches éloquentes et trop modérées encore.

Vous retiendrez la demande que j'ai l'honneur de vous adresser, vous en reconnaîtrez la légitimité ; vous accueillerez mes vœux en proclamant les droits, les mérites de celle au nom de laquelle je me présente à vous encore une fois (la dernière, je l'espère).

Je n'ai rien à développer ici, tout est exposé, constaté dans ce travail imprimé que je produis à l'appui de ma requête.

Je vous rappelle le mot de Sully :

« Tout *florit* dans un état où *florit* l'Agriculture, et je le retourne ainsi :

« Tout souffre dans un état où l'agriculture est en souffrance. »

Il est constant que les douleurs de l'agriculture ne s'arrêtent pas aux agriculteurs, elles s'étendent à tous.....

Et comment vouloir qu'il n'en soit pas ainsi tant que l'aveuglement et les passions domineront et feront que le *capital*, l'*Administration* sont refusés à celle qui nous nourrit, qui domine tous nos mouvements.

Oui, Messieurs les sénateurs, l'agriculture n'a pas d'administration ; elle est subordonnée à des sous-directions, conceptions *bâtardes*, conduites par des hommes trop étroitement liés à un système usé, à un ordre de choses, mauvais, impossible à présent. Ils ne peuvent s'en dégager et ils sacrifient tout au maintien de leur position. Ils n'apportent que sophistiques (Baron Dupin au Sénat, 1860).

Oui, Messieurs les sénateurs, la délégation par l'État à quelques hommes réunis en société, de produire une monnaie fiduciaire, battre monnaie par privilége, constitue une concession *majeure, absolue*, utile, indispensable, mais à la condition que le degré de force qu'elle est obligée de distribuer, relativement, s'étendra à tous, et d'abord et particulièrement à l'agriculture, dans les champs, dans la terre, sur le sol.

Eh bien ! Messieurs les sénateurs, il est reconnu, il est constaté que ces derniers n'ont aucune part de cette rosée concédée par l'État, qu'elle est absorbée tout exclusivement par un petit nombre au profit de quelques-uns, et que cela produit des dangers incessants, des périls trop fréquemment renouvelés.

Le bien à retirer de ce privilége de produire une monnaie fiduciaire, est immense et incalculable.

Et les profits qui en résultent pour les exploitants sont assez *merveilleux* pour qu'ils puissent, ils dussent délivrer cette monnaie à un taux *minime, uniforme, invariable*, quels que soient les événements, les mouvements. Et ici comme partout se produit l'équilibre par COMPENSATION, *moyenne*. — Et ceux qui tiennent ce privilége ont eu l'habileté, l'*impudence* de dédaigner ces LOIS... Malheur à eux, car ils ont compromis les intérêts de la nation. Bien plus malheur à ceux qui dirigent la nation s'ils persistaient à vouloir qu'il en soit encore ainsi.

Oui, Messieurs les sénateurs, le système de 1803 est usé, ARCHI-USÉ. Il n'est plus qu'un point d'appui à BASCULES, — un VADE RETRO. — Il importe de briser avec ce passé, de brûler ce passé, d'en jeter les cendres à la mer afin d'être certain qu'elles ne reviendront plus. Ne voir que ce point de départ, c'est renier le mouvement, c'est commettre l'erreur, la faute, l'iniquité des juges de Galilée, lorsqu'il disait : Et *pourtant elle tourne*, car nous avons marché, nous devons marcher. Et la *banque* ne le *veut pas*. Elle est folle, elle est ridicule avant d'être coupable ; car elle se croit (peut-être de bonne foi) indispensable, impérissable.

Mais bien plus extravagants, bien plus dangereux encore, sont ceux qui songent à développer ses attributions, à étendre ses priviléges, à grossir encore ses profits déjà trop scandaleux, calamiteux.

Je vous présente, Messieurs les sénateurs, une *banque* de *l'agriculture*. Appuyée sur mes prescriptions et les prenant pour fondement, elle produira *toujours* et en tout cas, sa monnaie fiduciaire, à *trois pour cent.* En outre, elle répandra sur tout le sol les éléments les plus fertilisants, tout en assurant le développement, le succès croissant du commerce, des industries nationales. — Vous ne sauriez ne pas sanctionner?

J'ai l'honneur d'être,

Messieurs les sénateurs,

Votre très-humble serviteur,

P. GOSSET.

(Déposée au cabinet de S. Ex. M. le président du Sénat, le 25 novembre 1865, avec quatre brochures).

Nota. — Ce qui n'a pas été constaté, ce qu'il importe de bien établir, c'est que la *Banque de France* a renouvelé son capital social en chacune des périodes de cinq années, c'est-à-dire douze à treize fois depuis sa création, sans jamais se soucier des lois de prudence et de saine économie qui prescrivent la *réserve*, l'*amortissement*, de telle sorte que, à cette date de conflit, de lassitude du public, elle se présente avec son capital entier, placé, aliéné grossi, près de quatre fois, par des plus-values (500 millions). Or, la science de la finance découvre tous les jours des merveilles, des richesses dans la *capitalisation*, les intérêts cumulés, l'amortissement, etc.

La preuve de ceci ressort de la facilité avec laquelle se sont opérés quelques emprunts récents au profit de l'étranger, — celui du Mexique en particulier, — sur lequel un prélèvement de 10 0/0, placé en rentes françaises, auxquels on ajoute le cumul des intérêts, assure un capital double au bout de cinquante ans, au profit des souscripteurs, sans compter le remboursement de l'emprunteur.....

A cette date où je trace ces lignes, un emprunt autrichien se présente sous les auspices d'une combinaison plus séduisante encore. Il s'agit là d'un amortissement intégral en trente-sept ans par des extinctions de titres, par tirages semestriels et par l'effet du jeu de l'amortissement, — ce qui permet au souscripteur d'espérer, à dater de six mois de son débours, d'être remboursé de 500 francs pour un débours de 345.

Et c'est au milieu de cet élan des combinaisons, je ne dirai pas heureuses et parfaitement morales, mais je dirai empreintes d'un cachet bien marqué d'idées exactes et généreuses, pratiquées pour l'étranger, que « pour LA FRANCE, ET EN TÊTE DES AFFAIRES, » on maintiendrait cette *banque* en son état primitif, devenue chargée de rouages, engorgée de pièces encombrantes, enrayant, alourdissant... A FAIRE TOUT ÉCLATER au moment où on y penserait le moins.

Ah! Messieurs les Sénateurs... vous avez la puissance de faire qu'il n'en soit pas ainsi... *Je vous en supplie*... APPLIQUEZ-LA...

Lorsque l'on songe aux fardeaux que fait peser la Banque sur les services qu'elle rend, on est effrayé.

Elle divise en huit parties ses opérations de l'année, un même escompte est renouvelé *huit fois* (sa moyenne est de 45 jours, huit fois : 360), et ses frais seuls interviennent pour 1 0/0 à chaque fois; c'est-à-dire qu'ils pèsent de 8 0/0 sur l'opération de l'année, plus le taux de l'intérêt, — ceci a quelque chose de *prodigieusement* absorbant. — Ceci grossira encore à mesure que le système des succursales s'étendra (ce système est faux, impossible à se développer). Loin de centraliser davantage, tout porte à décentraliser. Ce qui n'est pas moins surprenant, c'est que les sommes formant DÉPÔTS sont considérées comme étant ENCAISSE; ce qui partout ailleurs serait criminel se trouve naturel à la Banque.

Un dépôt, Messieurs, c'est le *neutre*, le NÉGATIF, le *sacré*, et c'est cependant sur lui que la Banque fait pivoter le mécanisme des fluctuations... Et ce n'est pas tout.

« La Banque ne devrait recevoir de numéraire que contre ses *billets* délivrés en « contre-partie. Les monnaies, ainsi converties, serviraient à son service de prêts « ou escomptes, et seraient toujours convertibles dans la mesure que j'ai indiquée « en mon plan de *Banque du convertible*. Là est le vrai principe. »

Le plus gros scandale financier est de notre époque, et il sort de la Banque; qui oserait contester que ce n'est pas celui-ci.

« De la loi 1857 est sortie une émission d'actions de 1,000 francs et, sous l'em- « pire de cette loi *prévoyante* répressive des abus antérieurs, ces actions ont atteint « le chiffre de 3,725, c'est-à-dire qu'elles ont acquis 275 0/0 de plus value en moins de « huit années, ce qui fait que l'on n'opère plus par règles ni principes, mais par sauts « saccadés afin de pêcher 25 à 30 0/0 de bénéfices afin de maintenir cette prime, la « grossir encore.

Et c'est une banque nationale qui fait cela. Ah! que dirait Napoléon Ier son fondateur, et Mollien son illustre organisateur, — quelles conséquences tristes, terribles à tirer de ce fait seul, — laissez faire, laissez aller, et cette prime sera bientôt de plus de cinq fois ce capital.

Je n'ai pas attendu que ces combinaisons sortent du cerveau de quelques *faiseurs*, capteurs de *primes* à la solde de l'étranger, pour produire ma combinaison de BANQUE DE L'AGRICULTURE, toute française... Elle est plus riche encore... plus exacte...

Mais ce qui est pénible à constater, c'est que, par un contraste bien triste, ces mêmes financiers, *novateurs* à l'égard de ce qui est *anti-français*, se montrèrent aveugles, routiniers, rétrogrades et de mauvaise foi pour ce qui est *français pur sang*... *Ils demandent avec ensemble le maintient du statu quo à la Banque* ???

Que va faire l'enquête... qu'adviendra-t-il ???

Vous êtes là, Messieurs les Sénateurs, et vous sauvegarderez l'AGRICULTURE. Elle est votre mère; c'est elle qui vous a fait grands et puissants.

GOSSET.

Paris, le 25 novembre 1865.

# PREMIÈRE PARTIE.

## DOCUMENTS CONFIRMATIFS.

## MA PROTESTATION CONTRE UN VOTE DU SÉNAT,

### BASES DE L'OPINION DE M. LE SÉNATEUR PRÉFET DE LA SEINE, Rapporteur.

### LES EFFETS DE LA LIBERTÉ DE LA BOULANGERIE,

## CE QU'EST LA MANUTENTION MUNICIPALE, USINE SCIPION.

---

A Messieurs les Sénateurs,

« Le juste et l'exact pénètrent
« à travers tous obstacles. »

Ce qui va suivre ne fait pas l'objet d'une pétition, c'est une mention, une rela- tion. C'est aussi l'exposé corroboratif de la pétition qui précède.

Je me suis quelquefois présenté devant le Sénat comme pétitionnaire, et je l'ai fait toujours comme organe d'une grande pensée, d'un intérêt général, et j'ai pu, quelquefois et innocemment, m'écarter un peu, dans la forme, ne pas suivre ces lieux communs employés par les pétitionnaires vulgaires si nombreux, exposant leurs griefs personnels ou sollicitant des faveurs.

J'ai pensé, et je pense encore, que le Sénat n'est pas une cour des dieux de l'Olympe, n'accueillant que les thuriféraires, rejetant la loyauté, la franchise, alors même qu'elles produisent la lumière, la vérité avec un peu de rudesse.

J'ai pensé, et je pense encore, que le Sénat est l'élite de la nation, son corps le plus élevé, ayant particulièrement la prérogative de sauvegarder les intérêts de tous, l'égalité, de protéger les grandes idées, d'assurer la marche du progrès, et encore de provoquer le développement du bien-être général. « Rechercher, recher- cher encore, et toujours... »

Dans ma position personnelle, j'ai été surpris autant qu'affligé, alors qu'il m'a été communiqué par M. le Secrétaire que la pétition que j'ai présentée à la session dernière, sur la Banque de France, avait été repoussée sans discussion, sans exa- men, par la QUESTION PRÉALABLE, sur le rapport et les conclusions de M. le Sénateur, Préfet de la Seine.

Mon caractère sérieux, mon esprit exact m'obligent à repousser cette décision et à profiter de la circonstance qui me fait aller encore une fois devant le Sénat, pour lui porter respectueusement ma protestation.

Je ne pensais pas que M. le Préfet de la Seine pût être chargé du rapport d'une pétition portant mon nom.

Sans doute M. le baron Haussmann a cru qu'il serait assez maître de lui pour comprimer ses mouvements, étouffer les souvenirs et rester indifférent. L'a-t-il pu ? J'affirme que non ! ! !

M. le Préfet s'est rappelé malgré lui que j'étais depuis plus de *dix ans*, son contradicteur, son antagoniste, dans une question d'un si haut intérêt : le BLÉ, le PAIN, la BOULANGERIE.

Avant d'aborder ce point, permettez-moi, Messieurs les Sénateurs, de vous dire que la pétition sur la Banque de France, que vous avez repoussée par une flétrissure, a pour fille l'ENQUÊTE qui se produit en ce moment. Un grand nombre des vôtres est chargé de la diriger, la conduire à bonne fin; le pays en attend avec anxiété le résultat.

En effet, la lettre à l'Empereur par MM. les commerçants en tissus de Paris, l'ordre d'enquête par le souverain, sont tirés du fond, de la forme de ma pétition, qui les a précédés, qui leur a servi de trait d'union, de point de départ.

Cette pétition a tous les mérites : l'opportunité, l'éclosion d'une manifestation considérable, etc., etc.

Elle m'a valu des félicitations grandes, des éloges nombreux par lettres, par paroles.

Comment se fait-il qu'elle ait été, ainsi que le Sénat l'a voulu, renvoyée flétrie, sur un simple rapport, d'après quelques paroles.

Au préalable, le Sénat n'avait pas approfondi le débat. Il avait toutes raisons pour reprendre la discussion, — c'était l'avis de M. le Sénateur gouverneur, — mais M. le Préfet n'a pas voulu, et il l'a dit à la dernière séance, à la dernière heure.

Est-il exact de dire que j'ai été irrespectueux envers le Sénat entier, en rappelant, en commentant quelques expressions *maladroites*, *malheureuses*, échappées à M. le Rapporteur et à M. le comte de Germiny dans la discussion sur la pétition Furet ? Et, en tout cas, pourquoi tant de susceptibilité à l'occasion d'une question tant grave, si difficile à traiter ?

Eh quoi ! est-ce donc pour glorifier le Sénat, pour le bien de la patrie, que la France a appris un jour que M. le comte de Germiny, sénateur, avait présidé le premier tirage du gros lot de la loterie mexicaine, opération antipatriotique, qui a appauvri la France de son numéraire, alors qu'elle le refuse à sa mère, l'agriculture ? Et un Sénateur est-il donc indiscutable dans ses actes privés, comme dans ce qu'il exprime en séance du Sénat ? Ce n'est pas là l'esprit de la constitution qui régit le Sénat.

Le Sénat regrettera sa précipitation ; il reviendra sur la question par ma pétition nouvelle, toute agricole.

L'influence si défavorable de ce vote me suit, me poursuit. — Je l'ai déjà dit... « De l'*enquête*, je suis le provocateur, *pater ego*, » et cependant je suis sous le coup d'un refus de déposer à cette enquête. Dois-je croire que ceux de MM. les Sénateurs qui siègent autour du tapis, de ces juges de l'enquête, aient repoussé ma demande, étant encore sous l'influence du triste sort de ma pétition.

Elle était, de toutes celles présentées, la plus remarquable, la plus digne d'intérêt. Elle était SUMMA, MAJORA. Et cependant elle a été la seule repoussée par la question préalable.

Oh! c'est trop poignant pour qu'il ne me soit pas permis de m'écrier : *Summa injusticia, injuria !*...

Je posais la liquidation de la Banque de France. Qu'est-ce donc que cela a d'étonnant ? quoi de plus naturel ? Et pourquoi cela a-t-il tant effarouché M. le Préfet ?...

Ce grand magistrat n'ordonne-t-il pas chaque jour la liquidation, la destruction de ce qu'il juge usé par le temps ?... gênant pour le progrès : que ce soit utile, agréable , même respectable par les souvenirs.

Ne réédifie-t-il pas ? ne produit-il pas l'exact, le merveilleux à la place du caduc, de l'insalubre, de ce que les hommes et la marche du temps ont rendu impropre, nuisible, pestilentiel ?

Quel est donc l'objet de création humaine qui résiste au temps, au progrès ?... à la civilisation ? Les monuments les plus respectables, les mieux soignés, s'écroulent sous les étais, les soubassements. On rebâtit les Tuileries, on remplace un Opéra trop exigu, on construit de nouveaux temples à Dieu et au paganisme.

Ai-je donc été coupable d'inexactitude, d'audace, en exposant, en affirmant qu'à cette date la Banque de France se trouve impuissante, incapable; qu'elle est à liquider, à reconstituer......? Que son administration n'est pas, ni avec le vrai, ni avec l'honnêteté ; que cette marche, *vade retro*, est un péril.

Ah ! Messieurs les Sénateurs, je dirais au milieu des persécutions : « Et cependant cela est ! » Comme Galilée disait : *Et cependant elle tourne !*

Mais brisons sur ces points. Je vous concède la Banque, je vous abandonne de lui accorder tous les mérites, les vertus les plus grandes; mais je vous dis : « Permettez une comparaison, souffrez un exemple, admettez la CONTRE-PARTIE. »

Vous avez l'agriculture qui gémit, qui est traitée à l'état d'incapable. Elle est exclue, délaissée. Elle a tous les droits à se constituer une banque à elle, appuyée par elle. Admettez, et vous ferez la plus belle, la plus noble création du monde.

Ces institutions de crédit foncier agricole ne sont, à l'égard de l'agriculture du sol, que *mystification, déceptions, illusions*. Les quelques établissements privilégiés par l'anonymat ne sont plus, ainsi que la Banque, ni dans le *vrai*, ni dans le *juste*. Ce sont des machines à faire primes et à les maintenir par bascules et soubresauts. L'invention des syndicats en est le levier. Réellement et pratiquement le syndicat est impossible et impraticable. Il ne figure donc que comme moyen de forme et de fictions... *Calamité !* — Qu'un petit effet politique se produise, qu'un vent souffle un *casus belli*, qu'un différend, frère de celui des ports de Marseille, surgisse du fond de cet abîme, et que Thémis tienne ses balances d'une main ferme... Alors tout fléchira, tout tremblera, tout croulera. Voilà, Messieurs les Sénateurs, à quel point nous en sommes : TOUT SACRIFIER, TOUT IMMOLER A LA POSITION FINANCIÈRE.

« Laissez-moi placer et faire fonctionner à côté, en face de tous ces
« outils usés, chargés, détraqués et ne produisant que chaos et ruines,
« notre instrument, composé de pièces simples, bien ajustées, et vous
« pourrez être certains qu'il produira des effets exacts, réguliers,
« prodiguant les richesses, assurant à la terre la fécondité. — Voilà le
« grand intérêt. »

J'arrive à mon point de départ.....

« Pourquoi cette rigueur de M. le Préfet ?

« Pourquoi cette sévère condamnation ? »

Ceci est bien simple et s'explique en trois points :

1° J'ai trouvé que, en créant sa manutention municipale, meunerie, boulangerie, dite *usine Scipion*, M. le Préfet s'appropriait une combinaison que j'avais étudiée à fond, que je présentais comme devant venir réformer progressivement le système de réglementation de la boulangerie et prévenir les écarts de la liberté. J'en demandais l'introduction dans le mouvement alimentaire par une société fortement constituée, et opérant sûrement avec les capitaux provenant de la collectivité.

M. le Préfet a admis le principe, mais il s'en est emparé en se faisant meunier, boulanger, marchand de pain.

Je m'en suis plaint et j'ai eu raison. J'ai prédit que ce qu'allait faire M. le Préfet serait négatif en résultats, onéreux pour l'administration, et de nul effet pour stimuler la concurrence, amener la baisse des prix.

Toutes ces prédictions se sont réalisées. M. le Préfet produit un pain qui n'est pas estimé dans la consommation ; il y occupe une place infime. Il débite peu, il n'a pas empêché la diffusion des boulangeries, il n'apporte pas de concurrence, il n'empêche pas les accords tacites, les connivences. Les écarts, les excès de la liberté se produisent effrontément au su, au vu de M. le Préfet. La cherté est relativement excessive ; l'acheteur est rançonné sur le prix, sur le poids, en raison de la fraction minime qu'il demande. — Et la ville a déjà englouti un gros capital dans cette exploitation.

Tels sont, sommairement, Messieurs les Sénateurs, les effets de la liberté, le rôle que joue l'usine préfectorale. Et ceci est de nature à vous intéresser vivement ; car cette liberté n'est encore ici qu'à demi accordée (le nombre illimité) ; la loi qui arme l'administration municipale de la taxation n'est que suspendue. Mais le parti des fanatiques de la liberté, qui veut partout et quand même le *laisser faire, laisser passer*, pousse à l'abrogation de cette tutelle, et la demande. Or ce parti rencontre en votre sein, un point d'appui, une tête, dont il se fait gloire et honneur.

Déjà, et tout récemment, un administrateur courageux, le maire de la petite ville d'Avranches, n'a pas craint de relever cette barrière, en déclarant que : « Deux « années d'essais de la liberté de la boulangerie avaient surabondamment prouvé « qu'elle n'avait produit aucun des résultats espérés, que le pain avait été payé plus- « cher que sous le régime de la taxation ; que la liberté n'avait servi que les inté- « rêts de quelques-uns au préjudice du très-grand nombre : que la concurrence ne « s'était pas produite, ni du dedans ni du dehors ; qu'au contraire il y avait eu « accord... Que, par ces motifs, la taxe sera rétablie à dater de..... (1). »

Salutaire exemple! grande leçon pour la ville de Paris, la capitale, par une modeste cité normande. Exemple qui ne résistera pas à un examen sérieux, impartial ; car

(1) Les villes de Rochefort et Napoléon-Vendée ont adopté la même mesure qu'à Avranches. Le Conseil général de Vaucluse a exprimé le vœu que la taxe du pain soit remise en vigueur. M. le Ministre de l'agriculture a répondu au vœu, « que, pour juger la mesure de la liberté, il était.

c'est dans la capitale que les abus les plus hardis, les plus compromettants, se sont produits.

Là, M. le Préfet s'est emparé d'autorité d'une position importante : la CONTRE-PARTIE ; il l'occupe mal, malheureusement. Il a chassé la capacité, la force... De son côté, la boulangerie se multiplie en s'affaiblissant; les vrais praticiens s'écartent effrayés. Les boutiques à gros luxe, à loyers écrasants, ont remplacé les modestes panifications. Ce ne sont plus les boulangeries, mais les pâtisseries. C'est là décadence, la falsification, les drogues, le prix exorbitant. Tout cela cause un danger, un péril. Il éclatera au premier signe de déficit, de rareté..... Sachez-le bien.

Sachez encore qu'en alimentation, PAIN, VIANDE, VIN, etc., les libertés engendrent la cherté, servent de prime au monopole occulte, à la spéculation exagérée, effrénée.

Il en serait assurément de même pour la monnaie fiduciaire... La vraie force, la liberté exacte sont en ces deux mots : UNION, COLLECTIVITÉ ! Encourageons donc.

2° J'ai été contraire au système de la compensation, système bâtard, arbitraire, impossible à pratiquer équitablement, et qui a coûté 80 millions en deux années; laquelle somme a été une prime d'encouragement à la hausse, au jeu sur le pain quotidien! Et, sur cette somme, plus du tiers a passé en frais de régie, etc., etc.

Je présentais en opposition le système de prévoyance, de réserves en temps d'abondance. ENFIN LA COMPENSATION PAR NATURE.— C'était simple, surtout secourable pour notre agriculture. — Et cela est encore à faire?

C'était trop simple, trop honnête.....

3° Enfin, j'ai attaqué, combattu l'impôt sur le pain par l'octroi. Cela m'a paru une aberration de l'honnêteté, un déni de justice, une monstruosité.

A présent, j'en suis arrivé à combattre l'octroi en général, particulièrement à cause de cette partie.

C'en est trop, beaucoup trop, pour M. le Préfet ! son humeur ne permettait pas qu'il m'examinât *froidement*.

Je m'arrête et je dis :

« Il m'importe que la mauvaise fortune que j'ai eue de tomber entre les mains
« de M. le Préfet devienne, pour la nation, pour le Sénat et pour moi, une bonne
« fortune. »

Et le Sénat, qui m'aura protégé, se sera élevé !

P. GOSSET.

---

« convenable d'attendre que la contre-partie se produise; « que, en temps d'abondance et de bas
« prix, les boulangers avaient bien pu *grossir* un peu leurs profits sans nuire aux consommateurs,
« et qu'alors que viendront les années mauvaises et les hauts prix, ils sauront, par réciprocité,
« réduire d'eux-mêmes les prix, afin d'établir une compensation. » C'est peut-être trop compter
sur le bon esprit du mercantilisme.

# DISPOSITION DES ESPRITS.

— À la suite de cette lettre, de cette pétition et de ces commentaires, nous vous disons :

« Agriculteurs, hommes de la terre,

« Voici où en est la question au 31 décembre 1865:

« Depuis deux mois je propage ces grandes pensées de Banque spéciale à l'agriculture, « issue d'elle-même, du Ministère de l'agriculture, des eaux et forêts, de l'impôt par « octroi, régie, indépendant, redressé, rectifié. »

J'ai répandu un certain nombre de ma brochure explicative, et j'ai recherché des avis, des opinions; en un mot, j'ai sondé le terrain; eh bien, je n'ai rencontré nulle opposition, aucun contradicteur. J'ai recueilli des approbations, de chaleureux éloges et encouragements.

J'attends encore des réponses à des envois en les provinces... Ce retard est sans doute motivé par des communications adressées par ces mêmes...: à leurs sociétés d'agriculture, dont les avis se forment, se recrutent. Cela viendra.

J'avoue que j'ai rencontré chez beaucoup une timidité à se prononcer sur des points aussi sérieux, autant difficiles à étudier...: Beaucoup se défient d'eux-mêmes. En matière de finances, de crédit, peu d'esprits sont éclairés. Il existe de gros ignorants, de grands indifférents, des trop prudents.

Il faut bien le dire aussi : il existe un découragement profond; on voit en tout, de plus en plus, la haute administration mal engagée, fourvoyée à l'égard de ces grands intérêts; on la sait persistante quand même, vaniteuse, orgueilleuse, refoulant les avis, rejeter ce qui se présente en dehors d'elle... Et alors on se demande à quoi bon s'attacher à une combinaison qui ira se briser contre ce rocher et qui s'y brisera... à moins que d'ici-là cette roche ne soit brisée elle-même ! ! Telle est la situation des esprits... Cela est triste à constater; cela n'est pas de nature à décourager, cela ne doit pas arrêter; au contraire...

Encore une fois, *ce qui est juste, exact, pénétré à travers tous obstacles,* — Et plus on temporise, plus on recule l'attaque, plus on rend le choc dangereux, périlleux.

Constatons donc que, en ce moment, on s'attache, en la *sphère élevée et dominante,* à former une glace épaisse sur ce qui concerne l'agriculture, sans songer que du jour, du moment où cette si puissante, l'*agriculture,* portera de tout son poids sur ce glacier, quelque épais qu'il soit, elle le fera s'effondrer... Et certes, ce n'est pas elle qui sera la submergée.

N'attendons donc pas que la résistance grossisse et s'organise; prévenons-là... attaquons avec prudence et vigueur, et nous éviterons les collisions, la débâcle.

La lumière ne peut se produire que du sein de l'Assemblée législative ; c'est là que doit s'engager l'action, c'est de là que doit surgir « LE GAIN DE LA CAUSE ».

L'agitation est partout, elle se produit de tous les points, et les honorables députés ne sauraient se décliner.

C'est pour les mieux engager, les pénétrer davantage que je leur présente cette lettre de L'AGRICULTURE; c'est afin de mieux préciser la question, afin de compliquer l'action que je leur communique cette PÉTITION AU SÉNAT. Il est de bonne tactique d'engager les deux corps de l'État en ce grand débat; l'un excitera l'autre, et quant à moi le Sénat me doit une satisfaction qu'il ne dédaignera pas de m'accorder, alors que ma pensée sera prise au sérieux à la seconde chambre.

Convenons, toutefois, que jusqu'ici rien n'est encourageant, si ce n'est cependant « que « les forces se doublent, se triplent, alors qu'elles sortent du désespoir, des derniers « retranchements. »

Je tiens de source certaine que, de tous les points de la France, on reçoit, dans les ministères, des avis très-alarmants sur la situation des campagnes ; et cependant on persiste à faire le muet, l'aveugle, et cependant on présente tout en assez bien.

On sait que des hommes très-honorables, des viticulteurs importants très-nombreux, ont demandé à se former en réunions, en congrès dans leurs provinces, ensuite en la capitale, afin de s'entendre sur les mesures à prendre pour affermir leurs positions, arrêter la décadence, et que cette autorisation leur a été refusée. Ils ont demandé à porter devant l'Empereur leur désir ; on leur a répondu que cela était inutile.

Voilà donc l'agriculture, les producteurs traités en *suspects*, mis à l'état d'*interdits*... Ah ! combien cela indique de choses et fait pressentir de calamités...

Ah ! qu'il sera triste et douloureux, pour ces cœurs dévoués, ces âmes honnêtes, d'être contraints d'émigrer sur le sol étranger pour discuter en liberté de leurs intérêts, du besoin d'alléger leurs maux ! !

Et cependant, jamais le besoin d'enquêtes n'a été plus vivement senti ; et l'enquête ne saurait aboutir sans réunions, sans un congrès...

Eh bien, en ces conjonctures si graves, les organes de l'agriculture n'ont rencontré *aucune administration* réelle. Ils ont été envoyés à la police ; de là à leur préfecture ; de là au ministre de l'intérieur, et de là encore à la police générale, d'où le refus formel a été signifié. — Voilà comment est représenté cette partie si notable de la France dans le gouvernement, auprès du souverain...

Est-ce que de cet incident il ne ressort pas PÉREMPTOIREMENT que notre demande est non-seulement juste, mais encore *impérieusement* indispensable et sans retard. — Ah ! messieurs les députés, quelle belle et grande session s'ouvre devant vous !.. Mais continuons, car ce n'est pas tout.

On a ouvert et on poursuit une enquête sur les institutions de crédit, sur la banque. On sait la part que nous avons prise à cette résolution. — On sait que, dès le principe, nous avons, par une lettre à l'Empereur, constaté l'absence, parmi les membres de ce tribunal inquisitorial, d'hommes appartenant au parti agricole, et l'importance qu'il y avait de faire intervenir ce grand intérêt... eh bien l'enquête se fera, se clôturera sans qu'aucun homme connaissant l'agriculture y ait siégé, mais encore sans qu'aucun homme de son parti ait été appelé, sans qu'une seule fois ce nom, L'AGRICULTURE, ait été prononcé. : (1)

Ah ! que cela est encore significatif, utile à recueillir.

Est-il donc vrai que l'on soit résolu à étouffer cette voix des champs ? Existe-t-il, en effet, un parti ayant résolu la ruine de la propriété foncière, en la poursuivant froidement, sournoisement, par tous moyens ?..

Tout semble le faire craindre et pressentir... Nous tenons encore de source certaine qu'on s'attache à désaffectionner l'Empereur du parti agricole... On le pousse à la vente de ses domaines ruraux... et cela est déjà commencé... Quelques-uns sont *amodiés*, d'autres seront aliénés, et petit à petit la liquidation s'opérera.

Est-ce que vous rencontrez, sur ces listes d'*heureux invités par séries*, des noms agronomes, agricoles, honorant le travail des champs ?..

En vérité, on ne saurait ni mieux ni plus NARGUER cette pauvre campagnarde, la renvoyer plus directement à ses moutons... se PAITRE ailleurs. — Et l'homme d'État qui dirige

(1) Viennent d'être entendus MM. Élie de Beaumont, Gareau, d'Esterne, lesquels ont parlé de l'agriculture.

cette enquête, est l'homme qui, pendant plus de dix ans, a eu l'insigne honneur d'être à la tête de cette répudiée, l'agriculture.

A l'occasion de ce divorce de ministère on nous dit : Mais M. le ministre est bien posé, il tiendra bon... Mais M. le directeur est bien en cour; l'Empereur l'aime; il l'a élevé récemment au grade de grand commandeur... Il fait partie en ce moment de la série de ses heureux hôtes, et vous choisissez mal votre temps.

Eh quoi! serait-ce donc du maintien de la bonne fortune de ces deux ou trois hommes que viendrait l'obstacle à la mesure la plus saine, la plus généralement réclamée, celle qui ouvrira des voies sûres?.. Ah! ne le croyons pas : d'une part M. le ministre titulaire conserve les travaux publics, le commerce; d'autre part M. le directeur a été grandement récompensé, honoré; sa retraite sera douce; il ira à ses champs... Mais bien mieux vaudrait, *à la rigueur*, l'élever à la dignité de ministre titulaire; car alors, étant responsable, il serait tenu à mieux, à beaucoup plus... on le jugerait.

On dit bien, pour justifier ces termes de mépris, que, « derrière ce cortége de plaintes, récriminations, il se dissimule une opposition sourde, sombre, au gouvernement, à sa politique ».

Nous repoussons cette interprétation... Mais encore nous disons, — si cela était, le moyen le plus simple de réduire cette conspiration à néant, ce serait de se montrer bien pensant, d'accorder... accorder encore...

Nous nous sommes attaché à la constitution d'une banque spéciale, avec droit régulier, parce que nous sommes convaincu que là est la source de tous remèdes; conserver cette absence, est le mystère de tous les maux...

Nous avons attaqué la banque actuelle avec énergie, et nous avons été précis, exact.

Nous avons été aussi généreux, car nous avons tracé le plan d'une liquidation généreuse, mesure la plus juste, simple et facile. En cela nous sommes *seul.*—Et comme nous avons redouté le maintien de ce qui existe, nous avons demandé de reproduire L'EXEMPLE, LA CONTRE-PARTIE.

C'est là notre motif de PÉTITION AU SÉNAT; la combinaison que nous présentons est la plus exacte; elle s'harmonisera avec les intérêts agricoles : nous l'affirmons, nous le prouverons...

Est-ce à cause de ces qualités, de ces à-propos, que nous avons été repoussé de l'enquête? N'a-t-on voulu entendre que des amis, des complaisants, des *soumis...* et quelques *contrariants* sans importance, à la surface, des poseurs?

Ah! nous le voyons bien : de l'enquête rien ne sortira, pas même la *souris* de la fable; tout rentrera, tout restera... Et franchement les commerçants, les négociants de la capitale, des villes importantes, l'auront bien mérité; ils auront été, en cette grande occasion, petits et plats jusqu'à l'incroyable (1).

---

(1) Les enquêteurs n'auront guère entendu que des banquiers, des commerçants, chambres de commerce de Paris.—Disons-le, les banquiers sont les pourvoyeurs de la Banque; ils ont besoin d'elle; ils exploitent et rançonnent d'autant mieux, d'autant plus les clients, les petits surtout, que, quand la Banque se livre à ses agitations excentricites, troubles, ils sont, en ce cas, excités, surexcités, comme elle et à plus grosse dose. — Le *statu quo* leur va donc; cela se comprend : il en est un peu de même des commerçants, négociants; ils suivent le mouvement, ils enchérissent, surenchérissent... ils ont leurs moyens, leurs expédients à compensation... Les petits sont là, tant pis pour les consommateurs.

Les trois cents signataires de la Lettre à l'Empereur ne se sont pas montrés des *Spartiates* devant l'enquête... Ils ont balbutié, ils se sont divisés. Leur déposition a été presque une *amende*

« Et tant mieux pour vous, agriculteurs, industriels des champs! votre cause n'en
« devient que plus belle, plus grande. »

Nous avons *démontré, établi, constaté,* que vous formez le parti des plus nombreux,
des plus riches, des plus vertueux, parti dont rien n'égale la puissance, si ce n'est L'INCA-
PACITÉ, L'IMPUISSANCE de cette vieille et rusée banque de France, qui, heureusement, n'est
pas faite pour vous.

Nous avons démontré que L'AGRICULTURE n'était pas faite pour qu'une INSTITUTION, qui
n'est qu'un rouage ajouté au vieil outil, s'empare de son nom, s'intitule CRÉDIT AGRICOLE,
pour ne rien faire dans cette sphère, pour faire, à couvert de ce noble nom, des opérations de toutes autres conditions et portées, pour courir sus aux primes, aux agio-
tages, etc.

Nous avons constaté que vous étiez à la remorque de toutes fausses pensées, de tous
abus, de toutes *influences, prépondérances, connivences,* et nous vous avons dit : « Vous
« êtes à la *queue,* vous devez passez à la TÊTE; VEUILLEZ-LE, ET CE SERA! » Et alors
vous introduirez dans le mouvement, dans l'atmosphère des affaires, qui se trouble et
s'épaissit de plus en plus, un rayon *lumineux,* vous dissiperez les ténèbres, vous serez
les sauveurs.

Nous vous le disons encore : « *Puissent vos députés nous entendre,* et se dresser contre
« le flot qui amène la tempête... »

Que pouvons-nous vous dire après cela? RIEN!.. Ah! *si* : il importe encore que nous
vous entretenions de vos *faux amis,* de vos *ennemis,* en dehors et autour de ceux du
cercle élevé dont nous vous avons fait connaître les sentiments mystérieux...

Nous sommes obligé de vous entretenir quelque peu, *currente calamo,* de cette fraction d'hommes s'appelant des progressistes, des économistes, etc., et encore de l'esprit
du journalisme, ce prétendu organe de l'opinion publique. Nous vous dirons aussi deux mots
d'une lettre remarquable du souverain à son retour de l'Algérie.

Il me faudra aussi vous exposer, très-sommairement, comment j'entends vous délivrer
de cette hydre *octroi-régie.*

## L'école de l'économie politique... Le parti des libertés des échanges; ce qu'il a produit, ce qu'il aspire à atteindre.

A mon point de vue, les partis ne sont respectables et utiles qu'alors qu'ils se présentent à découvert.

Nous avons en France de nombreux partisans du progrès, des améliorations sérieuses
par des moyens exacts, raisonnés; c'est le parti des progressistes, des réformateurs. C'est
à celui-là que nous nous faisons honneur et gloire d'appartenir. Nous avons pensé, nous

*honorable;* aussi avis en a été donné *de suite* à la Banque; on s'en est fort réjoui; on a dépéché
cela aux amis, aux fervents : c'est de l'un de ceux-là que je le tiens... On m'a même assuré qu'à
cette occasion il y avait eu banquet, grandes illuminations à la Banque, etc., etc. Un illustre
professeur économiste, celui qui a présenté comme remède énergique, mais non redoutable,
le prix de l'escompte à 15, 20 0/0, aurait été le grand choyé en cette réunion d'allégresse.

Mais ces compositions, ces tempéraments sont loin de concorder avec la nature vierge et pure
des champs : il faut, là, PROBITÉ, VÉRITÉ, FIXITÉ, INVARIABILITÉ, TERME LONG. — *Banquiers, commer-*
*çants, négociants,* sont sous le sceptre de *Mercure;* ils peuvent pratiquer ses maximes. — *L'agri-*
*culture,* elle est représentée par *Cérès,* cette déesse au front élevé; elle ne saurait déchoir.

2

pensons que *l'agriculture*, étant la base, *l'âme de tout*, il convenait, avant tout, de s'occuper d'elle. — Un autre parti plus remuant, nombreux, mystique, celui de l'économie par la liberté, par le laisser-faire, laisser-passer, ne s'est point arrêté à ce grand intérêt ; il a marché se rangeant sous la bannière du négoce, du mercantilisme.

Il n'a rien inventé, rien créé, même rien étudié... Il a été à l'*Angleterre*, il a épousé la cause du libre échange, il a subi toutes les influences, l'activité que déploie ce grand peuple en négociations, alors que ses intérêts sont engagés. Et, avec le concours de quelques esprits habiles, écrivains propagateurs, nous avons vu s'introduire chez nous, ce que désirait le plus l'*Anglais*, un système nouveau, soi-disant libéral.

Nous ne contestons pas quelques mérites à cette doctrine... nous ne combattons pas pour qu'elle soit refoulée.

Nous croyons seulement utile et à propos de venir constater que, dans son invasion en nos régions, elle a renversé les principes, placé *la charrue avant les bœufs*.

Elle a sacrifié le point qui supporte tout, l'intérêt du sol, et dès lors elle a rompu l'équilibre.

L'agriculture, dans son indolence, suivant ses routines, n'a pas vu le péril qu'il y avait pour elle dans cette direction nouvelle des intérêts secondaires.

Elle ne s'est éveillée, elle n'a tremblé, frémi, qu'alors que le péril était consommé.

Toujours prête à se sacrifier à la cause commune, et ayant pour cela assez de *forces*, des ressources suffisantes, elle comptait qu'elle serait prévenue, éclairée, secondée, afin qu'elle puisse se préparer, se transformer et se tenir à la hauteur des éventualités.

C'est ce que n'ont fait ni les hommes d'État, ni les meneurs de ce parti. — Ils ont mis notre agriculture dans une position *fausse, mauvaise*, sans prendre soucis, sans préoccupations.

L'agriculture a fait comme l'astrologue ; elle ne s'est aperçue du puits qu'alors qu'elle y était tombée. Il faut qu'elle sache qu'elle doit s'en tirer elle-même ; nous lui en prescrivons les moyens.

Mais ce n'est pas tout : ce parti de toutes les *libertés*, des *échanges*, etc., n'est encore qu'à moitié chemin... Il a obtenu des réductions notables, mais il y a encore des droits protecteurs ; il existe des douanes, notre marine est quelque peu protégée ; or, ce parti a pour consigne de tout niveler, de tout abaisser...

Or, si déjà l'agriculture a été mise en péril par une première étape franchie, que sera-t-elle alors que tout le parcours aura été accompli ?

Voilà ce que nous lui exposons, ce que nous lui demandons. Nous ne lui apportons pas le conseil de se dresser contre cet entraînement. Bon ou mauvais, juste ou injuste, l'élan est donné, rien ne l'arrêtera. — Nous arriverons donc en plein *libre échange* ; et ce droit protecteur sur le blé, de 50 c. et 1 fr. par navire étranger, quelque minime qu'il soit, disparaîtra comme le reste... — Que faut-il donc qu'elle fasse ? Qu'elle enlève les bandeaux qu'elle a sur les yeux, qu'elle se retrempe, qu'elle sente sa valeur, ses forces, sa puissance dans toute leur plénitude, et alors elle pourra renaître, vivre, se placer au premier rang, s'y tenir, maintenir.

Nous répétons, les hommes qui poussent ce parti ne sont que des *plagiaires*. — Ils n'ont appliqué que ce qu'avait l'Anglais. — Ils sont ses instruments.

Nous avons à faire beaucoup plus. Bien mieux, c'est de constituer chez nous ce que n'a pas l'Anglais, à savoir : *direction* forte par *ministère direct, capital-crédit* appuyé sur le sol, taxes relatives proportionnelles. — Nous l'avons indiqué, tout le reste découlera de ces bases exactes, lesquelles porteraient le monde entier.

Nous ne sommes point l'adversaire de cette cohorte d'*économistes plagiaires* qui occupe

tant l'opinion. Nous les trouvons *petits, étroits, rapsodes...* Et, eux, ils se croient grands, superbes... La lumière se fera.

Nous constatons qu'à cette heure, leurs *illustres*, les meneurs, en sont encore à nous annoncer qu'ils écrivent toujours et encore, sur Sir A. Smith, Say, Rossi, etc. Ils nous représentent encore ce brave Anglais, Arthur *Young*, d'avant 89, avec sa jument blanche. etc. Ils n'ont rien tiré encore de leur cru... Ils ne savent dire que *liberté*, — *échange*... Ils ne voient pas qu'il n'y a là ni lien de cohésion, ni esprit d'ordre, que rien n'est inébranlable et viable si ce n'est ce qui est appuyé sur l'*union*, l'*unité*, la COOPÉRATION, la PARTICIPATION; enfin, le CRÉDIT organisé, le CAPITAL respecté, réglé.

A nos interrogations, ils ne savent répondre que ceci : « le mot *liberté* renferme tout...

Comment prêcher la liberté des banques, la diffusion des billets aux mille couleurs, à autant de degrés de confiance, alors que le principe de l'*unité* s'étend à tous, partout. Déjà cinq puissances, la France en tête, ont signé un traité d'uniformité dans leur monnaie à titre égal, — cela s'étendra à bien d'autres.

A nos appels d'explications de loyale discussion, ils se retranchent dans leur silence.

Et lorsque nous écrivons à leurs chefs de parti que « Nous sommes informés *officieusement*, *officiellement* qu'ils étouffent l'examen de nos travaux, auprès de commissions, » ils ne bougent pas.

Ils se sont fait les serviteurs de *Cobden*. — Ils ne veulent pas devenir les auxiliaires de l'un de leurs compatriotes. — Voilà leur patriotisme.

Eh bien! ils savent où nous voulons aller. Ils connaissent nos pensées, nos combinaisons. Qu'ils nous donnent donc les leurs?

Qu'entendent-ils par liberté des banques? liberté du métal?... Où cela mènera-t-il ailleurs qu'à la *fausse monnaie?* et, plus tard, l'absorbation par l'oligarchie, monopole privé, le plus tyrannique. — Que veulent-ils dire par ceci : « Un cultivateur a besoin de blé, de semence, il achète cette semence et il la paye en livrant un bœuf. » Échange, un capital contre un capital. — Ils disent que le métal est une marchandise comme un sac de blé, comme une bête, comme le drap, le calicot, comme une chaumière, etc., etc. Voilà ma foi une belle conclusion, — supprimer le capital. — Échanger le bœuf contre le blé. — Échangeons tout... Et comment ferez-vous disparaître cette *distance* qui sépare ces deux produits, le nombre des conditions qu'il faut réunir pour les rapprocher, la soulte qui en résulte, etc., etc.

Arrêtons-nous et disons ceci : le bœuf est utile au cultivateur, et il a besoin de blé, de semence, par cette raison qu'il doit varier les espèces. — Alors qu'il aura à acheter ce blé de semence, son bœuf serait trop maigre pour le boucher, trop jeune pour le travail, donc inopportunité, impossibilité d'échange. — Faites donc que par une bonne organisation de crédit, par un sage usage du capital, le cultivateur puisse emprunter par *nantissement, caution*, etc., etc. Organisez, constituez, moralisez, là est le vrai LIBÉRALISME.

On ne se rend pas sur le marché des céréales avec un bœuf ou un mouton dans sa valise, dans son portefeuille. — On y va avec des billets de banque, des cartouches d'or ou des lettres de crédit. C'est bien l'exact, le non niable.

En effet, le capital est un actif, un avoir, — il est uniment, superbe : il arbitre, il pondère, mais à la condition qu'il restera matière saine, réglée.

Il y a du drap à 20 francs le mètre et du drap à 5 francs le mètre. Essayez de payer ce mètre de drap de 20 francs par 4 mètres drap à 5 francs et vous verrez quels obstacles. — Au contraire une monnaie d'or de 20 francs représentée *similairement* par 4 pièces de 5 francs est sans excuse de refus. Voilà la comparaison, d'où ressort la différence. — L'apercevez-vous? Nous le souhaitons.

Oh! grands économistes, vous vous mettez en quatre pour ergoter ainsi, et à bien plus de *quatre*. — Des livres, vous en faites, de *gros* et beaucoup, — mais on y chercherait vainement une phrase, un mot qui signifie l'*effectif*, le *fait*, l'*action*,—en AVANT. Vous êtes tout et tous au rétrograde. — N'ayez pas de crainte qu'aucun d'eux se jette dans le puits en regardant l'*avenir*...

Peut-être que cette pierre que nous lançons dans leur camp les touchera et fera jaillir de ce foyer d'intelligence une étincelle qui les électrisera... Nous attendons.

## LE JOURNALISME.

S'il est des causes des intérêts qui sont de tous les partis, qui les obligent, leur imposent, c'est bien ce que nous produisons. — Celui, ceux qui nous combattent par l'abstention, le silence, manquent à leur parti. — Celui, ceux qui nous combattent par une opposition raisonnée peuvent être en l'erreur, ils peuvent aussi éclairer, élucider. — Ils sont des adversaires loyaux, utiles. — Ce n'est pas que dans le camp des Économistes, membres de la Société d'économie politique que nous avons ces adversaires déloyaux du silence. C'est aussi dans la presse, chez les journalistes élevés, indépendants par le timbre, le cautionnement, etc., etc., libres en tous points.

Quelques journaux, aux allures restreintes, déterminées, nous ont accordé ce qu'ils pouvaient, plus peut-être. Les plus impuissants se font les plus dévoués... éclairés.

Les puissants, les gros se font les impuissants, les *impropres*, les *inabordables*.

La grande presse démocratique, celle qui prêche la liberté, l'indépendance, la morale dégagée, etc., etc. Celle-là se tient en l'écart, — *ou elle a peur ou elle est jalouse.*

Elle ne s'attache à rien de ce qui a le caractère positif, qui va à l'effectif. — Elle accorde ses faveurs au frivole superficiel, à ce qui s'oublie le lendemain. C'est une tactique du métier, mais une petitesse.

Nous le demandons à ces grands meneurs de l'opinion publique, le *Siècle*, l'*Opinion nationale*, la *Presse*, etc., etc., à ces heureux directeurs de ces journaux, que la bonne population de Paris a conduits à la représentation. « Pourquoi nous repoussez-vous? Pourquoi faites-vous tant les *pachas*, les *aristocrates* en votre intérieur, alors que, au dehors, vous criez par-dessus les toits que vous êtes libéraux démocrates *pur sang.*

Réellement vous comprimez, vous monopolisez, etc., etc. Vous faites du métier avant tout.

Nous sommes tout au bien, tout pour le mieux. Vous nous promettez, vous nous retenez... pour nous lâcher après nous avoir emprunté, dénaturé, vous nous mettez à l'ombre, tandis que vous vous réservez le relief. — Ah! Messieurs les grands de la presse, vous et vos lieutenants, vous n'êtes pas généreux, vous n'êtes pas libéraux. Vous n'êtes pas ce que vous vous dites... Vous dirigez une fraction de l'opinion publique : cela se peut, mais souvent vous l'égarez, vous spéculez sur sa crédulité. — Vous lancez de loin en loin une flèche contre l'abus, celui qui occupe, mais vous en avez détaché le dard. — Vous ne voulez blesser ni le gros ni l'absorbant, vous repoussez les grands caractères. — Eh bien! nous vous prenons ici à parti. — Rien de plus gros, de plus digne que ce que nous soulevons, l'*agriculture*. Son crédit, sa considération, — l'OCTROI, la régie qui pèsent sur les démocrates vos amis. Nous entendrez-vous ?

Si vous n'êtes pas pour nous, soyez contre nous, mais pour Dieu ne restez RIEN!

Et ces plaintes que nous venons d'adresser avec modération au journalisme, un des leurs vient de les confirmer, affirmer. — En effet, un enfant gâté de la presse, M. Darimon, lieutenant du grand E. de Girardin, député de Paris, vient jeter à la face du journalisme cette injure — qu'*il est le tombeau des idées.* Ah! quel enfant terrible. Et de quoi se plaint l'écrivain économiste? Il a eu des idées sur l'amortissement: idées belles, grandes sans doute, et ses confrères les ont étouffées. — Quelle trahison!..... Nous connaissons les idées de l'écrivain en première ligne de la presse sur la Banque, et nous affirmons que ces idées, délayées en un nombre *immense* de colonnes, sont *sans portée, sans hardiesse.* — Nous pensions qu'il n'était permis qu'à M. E. de Girardin d'avoir des idées. Il en a sur tout, il a tout deviné, prévu, mais, au fond, il n'a eu que des excentricités. — Eh bien, MM. de Girardin, Darimon, sont les hommes publicistes, économistes, politiques les plus désobligeants, les moins abordables, les plus assommeurs des idées qui ont un but.

## L'EMPEREUR ET L'ALGÉRIE.

Nous avons eu la bonne fortune de lire la lettre de l'Empereur à M. le gouverneur de l'Algérie, publiée en brochure au retour du voyage de Sa Majesté.

Nous y avons rencontré de grandes pensées, une indépendance remarquable. — L'empereur fait très-franchement la critique de l'administration française à laquelle il attribue le retard de la colonisation...

L'impôt est mal réparti, mal perçu... L'usure semble suivre l'Arabe et le dévorer. — L'administration est trop nombreuse, tracassière, sans formes. — On peut supprimer les sous-préfets, réduire l'armée, etc., etc. L'empereur voudrait que l'on soit en Algérie POSITIF, que tout assure l'EFFECTIF...

Nous extrayons de cette brochure remarquable, édifiante, le passage qui suit:

« De ces considérations, il découle naturellement que les ports de l'Algérie, déclarés *ports francs* auraient dû être ouverts à toutes les marchandises du globe, et ceux de la métropole ouverts sans droits aux produits de la colonie. — En outre, il était essentiel que la préoccupation du gouvernement se portât sur la création d'institutions de crédits à l'usage du colon; car tout pays, tout atelier, toute usine ne peuvent être mis en valeur qu'au moyen d'un outillage. — Toute création d'un outillage exige l'immobilisation d'un capital.

« Demander ce capital au temps, à l'épargne, c'est tourner dans un cercle vicieux, puisque l'argent ne peut venir que du profit, et que le profit ne peut naître que d'un outillage, bien entendu, d'un capital bien employé.

« Que faire donc? User du crédit, cette force des temps modernes, et associer pour la prospérité commune l'avenir au présent. — En dehors de ce principe simple et vrai en Algérie comme partout ailleurs, il n'y a rien à tenter de grand, de profitable, de sensé. »

Nous avons été frappé de cette justesse d'appréciation du souverain sur l'état de l'Algérie, à présent cette partie de la France. — Et nous nous sommes écrié: Ah! si l'empereur visitait la France avec cet esprit observateur, il la connaîtrait mieux, il saurait ce qu'est l'agriculture, qu'il ne voit qu'à la surface, et dont il parle en ignorant, etc.

Eh bien! l'administration censurée, blâmée, parviendra à paralyser les effets de ces observations, et ce voyage sera sans résultat. — Voilà ce qui se dit...: *Comment cela pourrait-il être?*

Nous serions donc bien insensé, nous qui attaquons directement et vigoureusement cette administration et qui sommes loin d'être l'empereur.

Il nous faut donc *énormément* compter sur vous, cultivateurs, députés, etc., etc.

Et si, vous ayant joint à moi, nous étions menacés d'être arrêtés, étouffés par cette administration? Vous auriez un moyen bien simple de faire voir vos forces, votre puissance sans résistances. — Ce moyen le voici par simple hypothèse :

« Vous êtes les producteurs de tout : vous tenez la vie des villes, de la capitale. Sus-
« pendez pendant *huit jours* seulement vos envois, sur les marchés de ces contrées, de
« denrées, *fruits, beurre, légumes, viande, pain, foin, paille avoine*, etc., etc. Vous en
« êtes les maîtres. Adressez-les tous à l'étranger — par l'échange. — Cessez vos rapports
« avec les citadins qui se moquent de vous. — Envoyez-les à votre tour *se paître* ailleurs;
FAITES GRÈVE. — Et alors vous verriez, vous entendriez les gémissements, les prières. On vous flatterait, carresserait, car il faut manger, il faut jouir.

Je sais bien que parmi vous et vos protecteurs, il y a encore un grand nombre de niais, qui se laisseront dire que je suis un *utopiste*, qu'il convient d'attendre, pour agir, que M. le ministre, que M. le directeur, reconnaissant leur impuissance, leur incapacité, se fassent démissionnaires! Mais je vous affirme ceci :

« Agriculteurs, avec le LEVIER que forment ces quelques pages, je vous ai SOULEVÉS,
« vous, vos champs, vos bêtes... Puissé-je avoir *remué* vos cœurs, votre sens. — Je ne suis
« pas un *Atlas*... Ne me laissez pas retomber, écrasé par votre inertie, votre matérialisme.
« Les empereurs ne font pas les campagnards. — Les campagnards font les empereurs !
« Ils sont vos obligés, c'est pour cela que l'administration s'inclinera devant votre
« volonté exprimée fermement, respectueusement.

« Et déjà, NOUS AVONS été entendu, NOUS AVONS ÉBRANLÉ. »

## L'Impôt par octroi, régie, etc., remplacé par un impôt unique, celui d'occupation.

*Rectifier, redresser*, ce sont bien là les termes à présenter, car il n'est pas question de rien biffer du budget, de détruire. — Rendre le fardeau proportionnel relatif... Là est le problème à résoudre.

Je ne prétends pas présenter en ces quelques pages la solution de ce problème tant complexe. J'ose croire que je puis y concourir.

Il m'était impossible, dans le cours de mes travaux *agricoles*, de ne pas m'arrêter à l'octroi... Afin d'exprimer la réforme brièvement, je présente un mot, un seul mot, celui de OCCUPATION... Il ne m'appartient pas. — Je renvoie au *Journal des économistes*, 11 novembre 1863, page 259. — A la fin d'un article intitulé CHARGES ADMINISTRATIVES, TAXES LOCALES, on rencontrera une savante dissertation sur l'octroi, laquelle étude se termine par ces deux mots MÉTRIQUE et D'OCCUPATION, au-dessous signature CHALE...

J'ai pris note dans ma mémoire de cette étude, et, le moment étant venu, j'ai recherché M. Chale. Il n'est pas l'auteur du mécanisme. Il n'a pensé en être que le propagateur. L'auteur, l'inventeur, sur le concours duquel je comptais pour parfaire et bien sainement exposer, m'a déclaré vouloir rester inconnu. — Je me trouve donc ainsi *isolé*, obligé de tenir tout ce que j'ai promis, un *système complet*, un *remplaçant*... Cet exposé de situation justifiera ma témérité.

Donc, livré à moi-même et contraint, j'ai pensé, j'ai ruminé, j'ai composé. — De ces deux mots qui m'ont frappé et d'abord paru bien ajustés, je n'en ai retenu qu'UN, celui d'OCCUPATION.

L'impôt par octroi est, je crois, issu de l'arbitraire. Il s'est présenté à titre de temporaire, devant disparaître. — Au contraire, il a été continué, étendu, corroboré... Il a grandi, grossi en se faisant détester. « Et *pourtant*, cet *impôt* est légitime, *naturel, peut-être plus que tous autres*. »

Une charge publique ne peut se bien présenter et se faire respecter qu'autant qu'elle se répartit sur tout, sur tous, relativement, proportionnellement... C'est à ce point qu'est le défaut saillant de l'octroi-régie, là est le vice à en extirper. — Eh bien! l'impôt par OCCUPATION sera le répartiteur égalitaire...

L'occupation représente la fortune de quelque nature : immeubles, terres, maisons, urbains, ruraux, fortune mobilière, métaux, meubles, marchandises, matériels, valeurs diverses, etc., etc. Cela se prend à la surface, sans nécessité d'inquisition, de jeter la sonde, sans blessures ni froissements...

*Raisonnons...* Le Créateur a donné à l'homme, à la femme, qu'il a si largement distingués des autres êtres animés, le GLOBE pour se mouvoir, la terre pour se nourrir. Et les richesses incommensurables que renferme le sol pour *occuper* et *produire*.

Tout cela s'est divisé, fractionné, a conquis une valeur relative, une utilité réelle par suite du développement de l'intelligence, de la civilisation et du raffinement de l'existence.

Donc, nous sommes sur terre pour vivre à la condition de produire. Et pour cela il faut se nourrir, dormir, par contre s'abriter, *occuper*...

Inutile de faire l'historique du degré, des proportions qu'ont prises ces deux conditions humaines, sociales...

Il est constant que c'est dans l'OCCUPATION que se réflète le plus fidèlement, que s'arbitre le plus exactement la condition sociale de chaque être, de chaque famille...

Chacun *occupe* plus ou moins, soit à titre de propriétaire, soit comme locataire. Or, c'est là qu'est à saisir le degré à appliquer à chacun de l'impôt du droit de vivre.

Cette base correspond en certaines mesures à l'impôt direct progressif; c'est-à-dire sur le capital, le revenu auquel on pense, et elle n'en a ni l'arbitraire ni les difficultés.

Prenons deux exemples : Le chef de la famille le plus simple qui produit par un travail manuel, pour sa subsistance même (car toute production a pour but la vie), *occupe*, en se logeant, un taudis qu'il loue 100 francs. Il y a là resserrés, repliés, 4, 6, 8 êtres qui ont à peine l'espace, l'air indispensable. Cependant ils doivent leur tribut à ce droit de la nature, comme ils doivent la redevance au propriétaire de cette mansarde, de la hutte. Car tout sur ce sol est possédé, tout est à l'état de produit. Eh bien ce groupe, infimité de l'espèce, payera à ce droit 5 0/0, 10 0/0 de la valeur locative, soit 5 francs, soit 10 francs, pour la nichée entière. — C'est là la partie la plus basse de la société.

Je prends pour contre-partie une transformation qui s'opère en ce moment. — Un homme, chef de famille, industriel distingué, a vécu 20 ans dans un modeste local au milieu du bruit des marteaux, des machines, entouré des fumées, des miasmes des forges, etc., etc. Il a produit bien, beaucoup. Il a fait très-honorablement une fortune colossale, il a vécu de simplicité, de vertus... A présent, il veut vivre grandement, princièrement, il fait élever un hôtel splendide dans le quartier le plus opulent de la capitale. — Il y réunit toutes les satisfactions, toutes les jouissances. Il OCCUPERA un espace immense, très-aéré, très-éclairé. — Il aura tous les brillants, toutes les vanités. — Cet hôtel, ce palais, lui aura coûté un million, deux millions, etc. Il *occupera* donc pour lui et sa famille, sa domesticité, ses commensaux, ce qui représente ou produit, soit 50,000 francs, soit 100,000 francs. Eh bien il payera, sur ce pied, soit 5, soit 10, soit 15, soit 20 0/0 pour le droit de vivre, dormir... jouir... C'est là la position haute, très-haute de la société.

Ce n'est pas tout... Il ne passera dans cet Eden urbain que six mois de l'année... Il oc-

*cupera* à la campagne, pour l'été, un château, une chaumière. Autre OCCUPATION représentant un revenu, taxé selon la catégorie, soit à 5, 10, 15, 20 0/0. — On voit de suite par ces deux pôles opposés la distinction; — on saisit la justice de la proportion du relatif.

Disons ici qu'au moment de craintes du choléra, craintes exploitées, plus de cinquante mille familles des plus riches ont déserté Paris toute l'année, évitant l'impôt-octroi à leur unique profit, évitant la mortalité. Elles jouiront, quand elles seront rassurées, des beautés, des agréments de la capitale, qui coûtent si cher, sans avoir contribué à la dépense. Tandis que le pauvre diable, la chétive famille ouvrière, besoigneuse, entassée, *clouée* sur place, aura payé par la mortalité, par l'impôt, par une vie de privations. Ce qui est l'inégalité flagrante, l'iniquité révoltante. — Tout est résumé en ces oppositions.

L'octroi actuel n'a qu'un mérite, celui de se payer avec la matière achetée. — Il n'a pas dans le livre de dépense de compte spécial; mais qu'il coûte cher cet avantage, par l'excès, par l'abus, par les fraudes, les sophistiques, les poisons, etc. !

Et la perception, combien elle est onéreuse, 10 0/0 peut-être; combien elle est vexatoire ! — Ce système est à présent impossible, intolérable, incompatible avec tout.

Eh bien, ce système par OCCUPATION se réduirait à un état dressé, *cadastré*, — la perception coûterait très-peu.

Nous ne présentons ici aucun chiffre ni état. Nous nous attachons au système au fond : — « *Égalité*, libre exercice de la propriété, protection à tous les produits rangés sous la « même loi. Plaines, coteaux, montagnes, forêts, étangs, sources d'eau, tréfonds, etc., etc., « tout a une valeur relative, tout produit, tout rapporte. Tout payera relativement, propor- « tionnellement. »

Il y a pour tous OCCUPÉS, OCCUPANTS.

La vigne, le vin, les sucres, alcools, sont à cette heure frappés arbitrairement. Le pain, la viande, le lin, la soie, les huiles, sont exonérés. — *Arbitraire* en un autre sens.

Les abus, les excès, se détruisent, se redressent par les excès des maux qu'ils engendrent. — En ce moment, l'alcool de betteraves prétend bonifier le vin. — Le vin le repousse comme une sophistique, un poison. — Laissez faire le temps, l'expérience. — Le *vin*, le *plant*, ces précieux dons de la nature que possède si en grand notre belle France, se relèveront, triompheront. De son côté, la betterave se placera toujours, etc., etc.

On le voit, on le sent, c'est sur la terre, sur la propriété urbaine, que se prélève l'impôt de la vie.

Il y aurait, soit deux, soit trois, soit quatre catégories.

Les grands foyers payeraient plus. Par exemple :

|  |  |  |
|---|---|---|
| La capitale, cette reine........ | 20 0/0, maximum. | |
| Les villes importantes........ | 15 — | ) |
| Les villes moyennes......... | 10 — | Ceci à première vue.— Il y aurait un maximum et un minimum, un système d'abonnement. |
| Les sols fertiles............. | 10 — | |
| Les sols inférieurs.......... | 5 — | ) |

Encore une fois, c'est dans l'*occupation*, la mansarde, la boutique, le magasin, les ateliers, les logements, les appartements, les hôtels, les palais, que se saisit, se dessine la position de quiconque. C'est là qu'est la base.

Rien ne présente plus fidèlement la nature des aliments, le genre de vie, que l'OCCUPATION. C'est l'appréciation qui découle DE SOI; — l'arbitraire est exclu. Aussi ce qui est loyal réclame loyauté, et les fraudes par dissimulation seront sévèrement réprimées.

Cet impôt de la vie est tout *municipe*, de *clocher*; il forme une ressource collective; il affranchit la commune. Elle est émancipée ; elle n'a plus à demander à l'État des secours, des subventions qui gênent et dérangent l'équilibre du grand budget.

La Suisse nous donne en partie cet exemple.

Sur ce produit municipal, il sera affecté à l'État, soit une demie, soit un tiers, soit un quart, pour compenser des droits qu'il abdique.

Dans cette combinaison, la ville de *Paris*, la *capitale*, se présente et réclame une première attention, à titre de son régime économique et politique. Elle est la plus dévorante, comme elle est la plus coquette ; elle escompte à l'avance ses revenus d'octroi. Il importe d'assurer à ses prêteurs un gage équivalent. Elle vise à attirer les habitants riches, opulents ; elle désire refouler les classes ouvrières les plus pauvres : elle ne cherche donc pas à contribuer à la vie à bon marché.

Nous ne présentons pas de tableau de l'avenir en parallèle à celui du présent ; nous osons affirmer que tout s'équilibrera. La capitale de la France doit être aussi la *juste*, accessible à toutes positions. Elle doit admettre le problème qui diminuera les charges qui pèsent sur le travail, la consommation, pour augmenter un peu celles établies sur les plaisirs, le superflu. C'est par les barrières de la capitale que l'impôt est le plus *pesant, arbitraire*, inégal. C'est l'entrave la plus grande à la liberté des transactions, au développement des industries, « ET, QUOI QUE L'ON FASSE, LA CAPITALE RESTERA LE FOYER DES IN- « DUSTRIES, L'ASTRE BRILLANT DES ARTS... » Aussitôt ces barrières levées, Paris devient l'entrepôt général de tous produits, de toutes productions ; la ville gagne une importance immense, incalculable ; ne redoutons donc rien.

Depuis que l'épizootie fait des victimes sur les animaux en Angleterre, la viande se vend plus cher à Paris ; elle y devient plus rare. Cela tient à l'OCTROI. Les chevillards spéculateurs font sortir des abattoirs les beaux quartiers de viande, et ils les dirigent sur *Londres* au lieu de les entrer en ville ; ils trouvent dans la différence de l'octroi, qu'ils n'ont pas à supporter, une compensation des frais de transport qui leur laisse encore un excédant de bénéfices. Que l'on juge !

On ne saurait admettre que les grandes entreprises d'utilité, les fantaisies, les excentricités permises à cette grande cité, vinssent s'opposer, aux réformes les plus urgentes. Il ne doit pas être qu'elle les retardent.

Il ne peut plus se présenter à l'intérieur de la nation des *barrières*, des entraves, alors qu'il n'en existe plus ou n'en existera plus aux frontières. Les producteurs des sucres, alcools, vins, bières, etc., doivent être délivrés *à toujours* de ces agents du fisc, véritable *calamité, humiliation*, alors que ces agents ont ou auront quitté les limites, alors que les ports de mer seront *francs*, les pavillons traités sur le pied de l'égalité.

Or cet impôt, de ou par l'OCCUPATION, est la seule contre-partie à présenter à ces abus. En effet, le produit subsiste, mais il est basé sur le sol, l'immeuble, relativement au mérite, à la zone, à la capacité... AD VALOREM. De ce point de départ, il suit toutes les transformations sans arrêter. De plus, il doit être un agent stimulant, pour grossir la production, car on ne laisse pas *oisif* ce qui est imposé. N'est-il pas aussi l'application de cet emblème : LIBERTÉ, ÉGALITÉ, FRATERNITÉ...

N'est-ce pas ici le cas de dire, « qu'un gouvernement n'est bien *assis* que lorsque l'assiette de l'impôt est bien *assise*... »

« Et, comme couronnement à cet édifice, notre banque de l'agriculture viendra protéger tous produits, toutes contrées ; elle alliera le Nord au Midi, l'Est à l'Ouest.

« Son ministère spécial direct lui donnera une force collective, un ascendant moral des plus considérables, qui s'affirmera par deux monuments marquants en la capitale :

Le palais du ministère de l'agriculture, des eaux et forêts...

L'hôtel de la banque de l'agriculture de France...

D'un autre côté, les associations alimentaires et de consommation, qui sont encore à l'État de naissance, grandiront, se multiplieront ; le rapprochement de la production, de la consommation s'opérera ; l'existence sera douce et large, la santé belle, bonne. Les faiseurs de sophistiques, de spéculations sur les aliments seront refoulés, *enfoncés*.

Telle est sommairement notre combinaison ; nous la croyons saine, très-pratique.

On nous dit que le *Conseil d'Etat* est saisi de la question ; nous verrons le résultat de ses études, nous saurons ce qu'il enfantera...

« Quoi qu'il advienne, et malgré notre brièveté, nous n'aurons pas été infé-
« rieur à notre tâche ; elle est toute en ces quelques mots : EXPLOITATION du
« sol libre ; son travail libre, ses produits libres ; capital, crédit assurés au sol,
« à ses produits ; les charges communes réparties d'après l'ÉCHELLE de propor-
« tion la plus exacte, la plus naturelle ! »

P. GOSSET.

Ce chapitre de *l'octroi rectifié*... se présente avec le mérite le plus précieux...
l'A-PROPOS...

En effet, il existe contre la perception actuelle, non quant au chiffre, mais quant à la forme de cet impôt, une LIGUE, laquelle prend des proportions *colossales*. Le sol des coteaux à silex, qui produit ces vins délicieux ; le sol de la plaine, gras, qui donne la betterave, le blé ; la prairie qui produit la viande : tout, toutes parties, se réunissent pour se dresser, protester contre les charges inégales. L'Assemblée législative va entendre à sa barre les produits : PAIN, VIN, VIANDE, ALCOOLS, SUCRES, qui forment la vie, maintiennent la santé, demandant un régime nouveau, une *réforme radicale*. Et point ne sera possible de transiger avec le vieux, de replâtrer... Les faiseurs de combinaisons mixtes, de *sophistiques*, seront pris. Et de ce NEUF, qui surgira de ce débat très-animé, apparaîtra un autre NEUF, d'autres NEUFS. — Il n'y a que le premier pas qui coûte, et il va être franchi.

ESPÉRANCE DONC !

## Le Sel, le Tabac, la Poudre.

La *poudre* est une composition chimique d'un usage déterminé, et dont la fabrication et l'exploitation peuvent sans inconvénient rester entre les mains de l'administration. Ne nous en occupons pas.

Le TABAC. Son utilité dans le monde est d'une importance incontestable, mais non comme aliment. Comme produit imposé, il rapporte énormément ; c'est un objet de luxe, de fantaisie. Comme ressource à l'agriculture, il n'intéresse que quelques points de notre sol, et à un faible degré. Laissons-le donc là où il est.

Mais le SEL ? Ah ! c'est bien différent. C'est une substance indigène ; c'est un produit de premier mérite ; c'est le sucre dans la chaumière ; c'est le confortable dans les étables. Sans beurre, la pomme de terre est fade, presque insupportable ; avec un grain de sel, elle est un aliment excellent, précieux. Le PAIN lui-même a besoin du concours du sel.

Le SEL, dosé avec intelligence dans la nourriture du bétail, fait une viande de premier mérite. Le sel est donc à l'agriculture un produit utile très-précieux, comme il est utile, indispensable à tous les foyers. — ET L'INDUSTRIE ? Combien elle le réclame.

Et cependant le sel a été, de tout temps, chargé par les impôts, par les entraves. La

GABELLE a causé bien des souffrances: elle a été de tout temps une injustice, un sujet à rébellion.

Nous ne serions donc pas conséquent avec notre principe réformateur si nous ne comprenions dans le régime de *production libre* que nous allons inaugurer le SEL. Il doit figurer en tête du programme...

*Voici sur le sel une notice intéressante.* — Nous produisons beaucoup plus de sel que nous n'en consommons. — Les récoltes s'accumulent, et les cultivateurs du sel, réduits à un salaire quotidien qui s'abaisse jusqu'à vingt centimes, émigrent et vont chercher ailleurs un travail qui les fasse vivre.

Si le commerce du sel était libre, le sel serait à bas prix, et ses producteurs trouveraient largement à vivre de leur profession. — Si le sel était à bas prix, l'agriculture en ferait une consommation énorme.

A quoi donc tient il que ce bas prix n'existe pas ? — aux fiscs, aux vieux droits de gabelle, aux transports élevés...

Le sel ajouté à la nourriture du bétail, et surtout à la nourriture du bétail d'engrais, fait une viande *excellente*. — Le sel peut être introduit directement dans le sol en assez grande proportion. — L'addition du sel dans les compost, dans les fumiers d'étable et dans tous les engrais composés, en augmente l'énergie, — car il conserve à l'engrais toute sa richesse primitive, en empêchant le dégagement des gaz fertilisants provoqué par une trop vive fermentation.

Le sel marin rend solubles les phosphates fossiles, qui se trouvent dans presque tous les sols à l'état insoluble et qui restent inactifs en l'absence du sel. — Le sel est donc un agent puissant destiné à accroître la fertilité du sol.

Le sel, restant sans emploi dans les magasins, se détériore, — perte sous tous les rapports. — Le sel manquant à l'agriculture, pas d'entreprise, perte sous tous les rapports. — Eh bien, les règlements, la fiscalité, sont les causes de cette double perte. — L'industrie des marais salants est donc essentiellement nationale ; agricole, cependant elle languit, elle dépérit.

Que pourrions nous trouver de plus puissant pour combattre la fiscalité, les droits, les régies.

Que pourrions nous citer de plus favorable à notre demande de suppression de ces droits *odieux*, que nous remplaçons par un droit simple, naturel, équitable?

## Un défaut, sa justification.

Les grandes pensées, les convictions profondes, la loyauté, ne savent se faire patelines ni transgresser. Elles marchent vers le but par la ligne droite, par le langage expressif. Cela fait leur noblesse, sachant bien que les petitesses, les pressions qu'elles rencontreront; s'inclineront, fléchiront tôt ou tard.

Ceux qui les expriment savent qu'ils doivent se faire vulgarisateurs avant de devenir praticiens ; ils cherchent à brûler l'espace.

Les hommes de médiocrité, d'expédients, sont seuls courtisans, rampants, etc., etc. On voit trop souvent qu'ils arrivent les premiers.

Mais le tout est de se tenir, savoir *occuper*. L'homme de grand caractère s'écorche les mains, s'ensanglante les pieds à travers épines et ronces; mais il les refoule, son cœur n'est point déchiré, et, alors qu'il est arrivé, IL OCCUPE BIEN, largement.

La persévérance, à notre époque, est mal comprise, on la blâme vite; elle a bientôt fatigué. Il en est autrement de l'intrigue, des expédiens; si on ne les honore, on les regarde, on s'incline.

Je suis du nombre de ces hommes au cœur généreux, aux grandes pensées, et persévérants... J'emploie leur franchise, leur rudesse. Je ressemble au paysan du Danube. Je suis *Boileau* dans ses appellations... On m'en fait un reproche; on m'accuse de vouloir *imposer*, d'enfoncer les portes au lieu de frapper doucement; on trouve que je casse les vitres, tandis que je devrais *gratter*; on me dit que je suis le *pot de terre* et que je heurte le vase d'airain... Que ne me dit-on pas? que ne pense-t-on pas? On s'attache bien plus aux conséquences de quelques maladresses, de ce manque de formes, qu'à la vigueur de mes raisonnements, à la force de mes arguments... Tout cela est vieux comme le monde, petit comme l'époque...

Ma réponse est simple et facile; la voici :

« Je ne suis point arrivé *subito* au point où j'en suis. Avant de prendre ce ton que l'on trouve trop élevé, j'ai exposé avec ménagements, timidité, je me suis incliné, prosterné... Et j'ai été éconduit. Plus je suis devenu *sérieux*, *ferme*, plus on m'a éconduit, repoussé, et, chose étrange, plus je me suis senti ferme, *inébranlable*... Je ne sais comment cela s'est opéré, quelle grâce m'a donné ce pouvoir de me *dominer*. — Il arrive quelquefois que l'homme est soutenu, poussé, entraîné vers le bien par une puissance *intime*, par un devoir des plus respectables, sans qu'il doive le divulguer. — Eh bien, je le dis à ceux qui me font un reproche du manque de formes, de la brutalité dans mes attaques : « Il y a quinze ans que je suis sur le terrain de la lutte, et si j'avais versé toujours, partout, l'huile, le miel, il y a longtemps que je serais *usé*, *coulé*; je n'en serais pas à produire à ce jour les réformes *économiques*, *sociales* et *politiques* les plus immenses, celles qui doivent consolider la société, affermir le trône !

« Que peuvent me faire quelques inimitiés en présence de tant de bien à faire, d'aussi grands trésors à répandre ?

« En un MOT, je suis MOI ; je suis le SEUL...

« Ne craignez donc pas, vous qui tremblez en me lisant, de me comprendre; affermissez-vous autant que je me suis affermi, et soyez avec moi pour le bien, *pour l'exact*, l'avenir.

« EN M'APPUYANT VOUS VOUS ÉLEVEZ.

« Votre poltronnerie, votre indifférence, produiraient l'effet contraire.

« Soyons AUDACIEUX, AUDACIEUX encore, AUDACIEUX jusqu'au bout, mais d'une AUDACE noble, chevaleresque. »

J'ai tout dit, tout justifié.

P. GOSSET.

# DEUXIÈME PARTIE.

## Exposé sommaire de la Banque agricole. — Sa combinaison financière.

« Je me proposais de m'en tenir à ce qui précède, en renvoyant à ma brochure, publiée en petit nombre en novembre dernier, ceux de mes lecteurs qui tiendraient à connaître à fond ma combinaison financière, mes motifs de SÉPARATION du ministère; mais les esprits se présentent à moi insoucieux, paresseux, et je crains qu'on s'abstienne. Je me décide donc à donner ici, le plus sommairement possible, le plan de la BANQUE DE L'AGRICULTURE ET SES INDUSTRIES, en disant à ceux qui désireront en connaître davantage que j'ai encore quelques exemplaires de ma brochure, et que je serais heureux de les leur adresser sur demande.

« Étant donné, constaté *péremptoirement* et admis *généralement* que la Banque de France n'a rien d'AGRICOLE, ni dans la forme ni dans le *fond*, qu'elle a été constituée pour le commerce, les industries, qu'elle ne suffit pas à cette tâche et qu'elle est impuissante, incapable à protéger le sol, la production, soit directement, soit indirectement.... ;

« Étant reconnu, constaté *unanimement*, que l'agriculture, qui a *charge de la subsistance publique*, est en souffrance, en péril.. ; que le capital, le crédit, qui sont le *nerf* du travail, lui manquent particulièrement par le défaut, l'absence d'organisation, de concentration.. ; que les vingt-huit millions d'habitants attachés à la terre sont placés sous un régime exceptionnel de restrictions, d'oppressions, etc., etc., tandis qu'ils devraient être les premiers sauvegardés; que, par suite des changements du régime économique, des relations internationales survenues, les agriculteurs ont besoin, pour soutenir la concurrence étrangère, de se transformer, de sortir des habitudes pacifiques et routinières pour se renforcer par le travail actif, industriel, etc., etc., et que, pour cela, il leur importe d'adopter les formes et usages qui constituent un *régime financier*;

« Que les agriculteurs exploitant le sol, les propriétaires le possédant, et, tous le travaillant ont en eux et par eux-mêmes tous moyens, toutes actions de pouvoir combler cette lacune et la faire coïncider parfaitement avec leur caractère distinct, avec leurs usages et nécessités particuliers, etc., etc.: — Il a été résolu, établi « qu'il serait constitué une Banque « spéciale à l'agriculture et aux industries qu'elle crée ; que cette banque joui- « rait du privilége de faire circuler une monnaie fiduciaire ; qu'elle aurait « essentiellement l'esprit, le caractère de POURVOYEUSE DES BESOINS INTÉ- « RIEURS INTIMES, provocatrice de l'extension de la production, assurance de la « subsistance publique... »

· Les principes, les bases sur lesquels reposera cette INSTITUTION FINANCIÈRE RÉGÉNÉRA- TRICE sont ceux-ci :

1º Une banque qui a privilége et charge de produire sa monnaie fiduciaire, borne à cela ses opérations en les développant avec sécurité et dans les proportions les plus libérales ;

2º Les opérations de négociations, escomptes, divisions, avances, comptes courants, hypothèques, etc., ne sont pas de son fait, et sont dévolues à ceux qui réunissent les conditions déterminées pour être ses intermédiaires, fractionner, diviser, étendre, restreindre, etc., etc.— C'est ainsi que ce qui en principe est privilége devient dans l'action un élément de liberté!

3. Les conditions essentielles de succès doivent se puiser dans l'esprit d'association, d'union, de collectivité — assurances généralisées.

4. La banque s'étend à toutes les productions du sol, à tous travaux d'améliorations, d'exploitations, à tous syndicats, à toutes industries surgissant de l'agriculture de la terre. — Et comme tout émane de la terre, de l'agriculture, il sera fait à cet égard une catégorie des plus directes.

5. Etant admis que le numéraire ou, ARGENT existant en France est de *six* milliards au plus.

Etant prouvé, démontré que ce qui fait défaut à la production de la terre (l'agriculture) ne s'élève pas à moins de *seize milliards.*

Il résulte de cela que le capital est impuissant à combler la lacune et qu'il y a nécessité, URGENCE à y suppléer par une monnaie fiduciaire, billet de banque d'une création spéciale. neuve et représentant le signe LIBÉRATEUR, SAUVEUR.

En conséquence, la Banque de l'agriculture sera autorisée à se constituer dans les termes et formes qui vont suivre.

Elle émettra progressivement une monnaie fiduciaire, jusqu'à concurrence de deux milliards d'abord. — Les billets seront fractionnés par 1,000, 500, 250, 100, 40, 20 et même 10. Dix francs minimum. — Ils seront *toujours* et *partout* échangeables, convertibles contre monnaies or ou argent. — Ce convertible sera assuré : 1° par une encaisse ou réserve de trois cents millions, déposés au siége de la Banque, soit 15 0/0.

2° Par une hypothèque sur le sol de trois cents millions, valeur de premier ordre, soit 15 0/0, ensemble 30 0/0 au moyen de laquelle hypothèque la Banque pourra toujours se pourvoir de métaux-monnaies, s'il se présentait un épuisement d'encaisse.

3° Par l'esprit d'association d'union, mutualité qui existera au plus haut degré entre la banque-mère et tous ses commettants, (faisons remarquer ici qu'une banque de cet ordre ne doit, ne peut jamais perdre).

La prévoyance du *remboursable* à vue existe ainsi très-largement. La Banque prête ses monnaies à TROIS pour cent *fixe invariablement.* En outre elle retient 1 0/0 à titre de mutualité assurance contre tous risques.

Il est fait compte de cette réserve à l'expiration de chaque année et restitution est faite du solde créditeur. Si les pertes excèdent cette retenue, ce qui passe incombe à la Banque.

La Banque n'opérant pas au détail, elle s'adresse aux individualités, aux groupements ou collectivités qui lui présentent les garanties les plus larges, soit par hypothèques, soit par signatures multiples, soit par nantissement, etc. Elle a droit de contrôle très-étendu, immédiat. Elle détermine des délais. Elle peut les abréger en cas de périls constatés. Son rôle est de s'étendre en tous points et localités, à toutes productions, d'aider, développer. Son mandat est de soulever l'initiative, de provoquer le travail, le rendement, par l'intelligence, la confiance, la fusion des intérêts entre propriétaires et exploitants, c'est dire qu'elle n'a pas de succursales. Elle crée des comptoirs surveillants. — Elle laisse aux localités, aux intéressés, le soin de tirer parti de l'instinct local, de la connaissance parfaite des lieux, des idées, des ressources.

Le caractère de sûreté admis à la souche par la retenue de 1 0/0 sur chaque opération annuelle s'étendra à tous centres de relations. — Ce sera semer le germe de l'assurance par mutualité. — Et il n'est pas douteux que, à un temps donné, bientôt, toutes les institutions émanant de la Banque se trouveront unies, liées entre elles par la mutualité, par l'assurance, la contre-assurance.

Et ceci n'est qu'un exposé incomplet des applications, des développements qui se présenteront devant cette institution.

Etablissons à présent quel sera le mécanisme, puis, après, quels seront les résultats, les bienfaits.

Le MÉCANISME. Il est simple autant que naturel.

Le maximum des valeurs à livrer à la circulation est fixé d'abord à deux milliards par coupures de 1,000, 500, 250, 100, 40, 20, 10. Cette émission sera progressive.

La forme sociale est l'*anonymat*, le siége *Paris*. Le fonds social est de 600 millions,

numéraire déposé...................... 300 ⎫
                                     ⎬ Ensemble........... 600 millions.
caution sur le sol...................... 300 ⎭

Les 300 millions métal sont demandés au marché des capitaux contre des actions de 500 fr. remboursables à 600, productives d'un intérêt de 5 0/0, soit 25 francs. — Elles seront éteintes par des tirages annuels, à partir du moment où le maximum de l'émission fiduciaire aura été atteint, soit deux milliards. — Elles auront donc une moyenne de 25 ans. — Le monde agricole souscripteur aura la préférence sur tous autres demandeurs.

Les 300 millions formant caution, base, seront demandés aux propriétaires détenteurs du sol des immeubles. Ils sont la catégorie qui supporte la responsabilité de l'action, c'est sur elle que pivotent les chances, là est l'éditeur responsable, et, par contre, le *bénéficiaire*.

C'est à ce point que se produit la nouveauté de notre système par l'intervention dans une opération active d'un être *passif*, *muet* et GRATUIT, prêt toujours à devenir actif, à s'immoler aux devoirs, aux charges qui lui incombent.

Les 300 millions d'inscriptions hypothécaires seront produits par souscription ou appel à tous propriétaires fonciers.

Ceux qui répondront à cet appel ne devront apporter qu'une part relativement minime de la valeur de leur immeuble engagé, afin que, en aucun cas la caution ne devienne suspecte ou illusoire, sans qu'on puisse jamais redouter l'expropriation ni y recourir.

C'est-à-dire qu'un propriétaire de 100,000 francs devra se borner à souscrire pour 10,000. — Nous voulons trouver la largeur et la bonne assise de notre base sur le plus grand nombre, et non former privilége pour quelques-uns : c'est-à-dire que les souscriptions les plus minimes seront les premières accueillies.

LE RÉSULTAT. — De cette façon *six cents* millions réalisés, assureront la circulation et le convertible à vue de *deux* milliards et ils ne coûteront que 15 millions d'intérêt, d'un autre côté, les deux milliards produiront à 3 0/0 SOIXANTE MILLIONS, 60 millions.

Ces apports par hypothèques seront un placement tout EXCEPTIONNEL. — Ils seront fractionnés par coupons de 500 et 1,000 fr. — Chaque coupon sera converti en un certificat ou titre qui sera la contre-partie des actions émises. Il jouira du même droit de cession, circulation, emploi, selon l'intention du détenteur. En outre, ce capital *muet* recevra un intérêt annuel de 3 0/0, ce qui viendra grossir d'autant le revenu ordinaire. — Et encore il sera remboursable par tirage annuel et payé sans retirer pour cela la jouissance de la propriété, ni priver de son produit naturel. — De sorte qu'en une moyenne de 25 ans (la durée sociale étant de 50) la banque aura éteint ses apports : MONNAIE, IMMEUBLE, et se trouvera propriétaire de toutes les fractions immeubles qui, à son origine, lui auront été prêtées.

Et à cette grande époque de fin de Société, LIQUIDATION, RECONSTITUTION, elle aura par le fait seul de l'amortissement, elle aura tout payé largement, CAPITAL, INTÉRÊT, PLUS-VALUE : 600 pour 500. — Et elle se trouvera encore avoir un actif de UN MILLIARD.

EXEMPLE : *Produits* de 2 milliards à 3 0/0, 60 millions................ 60,000,000

*Dépenses*. Frais généraux, dépenses diverses. — *Allocation au ministère spéciale*, cas d'achats de métaux, etc., maximum.................... 15,000,000

Amortissement du capital emprunté, 300 millions remboursable par année, en 50 ans, par actions de 500 à 600, soit ensemble 360 millions, moyenne.. 7,200,000

Intérêt dudit capital 300 millions à 5 0/0 l'an, 15 millions, dont la moyenne est de.............................................................. 7,500,000

Bonification de 3 0/0 sous les titres d'inscriptions, 300 millions, soit 9 millions, dont moyenne.................................................. 4,500,000

Remboursement desdites hypothèques comme monnaie en 50 ans, moyenne. 6,000,000

Ensemble............... 40,200,000

Le produit étant de 60, il y a écart de............................... 19,800,000

Egale........................................................................ 60,000,000

Eh bien que fera la BANQUE, de cet excédant, après avoir répondu si largement à ses charges, *qu'elle les aura éteintes*. — Elle destinera ces 19,800,000, soit 20 millions au service de l'agriculture, de laquelle elle les aura tirés.

Elle les tiendra à la disposition de concours de travaux d'entreprise d'intérêt général, soit des associations, soit par des syndicats, des communes, et en encourageant ou protégeant de sa force une nouvelle source de revenu de *capital cumulé*.

De sorte que, en 50 ans, la banque aura contribué pour sa part à une action effective de travaux représentant au moins *dix milliards* et elle aura doublement enrichi le sol, la production. — C'est l'*infini*, c'est l'*incroyable* et pourtant l'EXACT.

Et ce qu'il y a de particulièrement remarquable, c'est que, au milieu de ce tableau splendide, le SERVICE rendu reste FIXE, INVARIABLE, soit 3 0/0.

Et qui nous dit qu'au bout de peu de temps ce MAXIMUM de DEUX milliards ne soit trouvé insuffisant ? Sans l'affirmer, nous croyons que cela se produira, et bientôt.

Ce que déjà nous affirmons, c'est que bientôt, tout aussitôt sa mise en mouvement, la banque aura placé ses deux milliards, et placés de manière à ce que la circulation en soit assurée, recherchée au même degré que le métal.

« AUTRE POINT — car ce n'est pas tout — ce qui précède n'est qu'un côté de la position. — Elle a une autre face et ce n'est pas la moins belle.

« La BANQUE D'ÉMISSION devient aussi, et naturellement, *banque* de DÉPÔT, ou pour mieux dire du CONVERTIBLE. Elle reçoit le dépôt de tous métaux, mais elle les échange de suite en sa monnaie fiduciaire et de circulation.

« Remarquons que c'est là, et *seulement là*, qu'est le principe exact, véritable, de la monnaie fiduciaire. »

Or, et tout aussitôt, ce métal qu'elle a conquis par son échange, en ses caisses, elle le met à disposition au profit de ses emprunteurs ; c'est-à-dire qu'elle opère une deuxième circulation, en ayant soin toutefois de tenir en *souche* ou réserve une proportion, soit 1/4, soit 1/3, pour assurer le convertible ou remboursement de ces dépôts. — C'est en un mot le CHÈQUE en son vrai côté.— Elle procure, à ceux qui la veulent, la monnaie légère, transportable, partout échangeable, partout sans charges ni changes—GRATUITÉ.—Elle loue ou vend son métal· au mieux de ses intérêts à ceux qui en ont besoin. — On aperçoit là, et tout aussitôt, la source d'un service rendu sur une vaste échelle, et d'un grand profit. — Rien de plus naturel, de plus vrai. — C'est le bon de poste, c'est la lettre de change, simplifiés, à disposition de tous. — Nulle part, et par aucun, l'IMAGE de la banque de la terre ne peut être refusée, son prestige est égal à celui d'une DIVINITÉ.

On a dit, DOCTORALEMENT, que le métal chassait le billet de banque ou fiduciaire, que, et à mesure que le premier grossissait dans le pays, le dernier devait disparaître. Cela n'est pas exact et nous affirmons le contraire.

L'abondance du métal or, argent, a pour effet d'augmenter le mouvement, d'accroître les besoins, la vivacité des échanges, et naturellement ce signe pesant, le métal, tend à se DÉPOSER, s'arrêter, pour se reproduire sous une forme contre son SOSIE, bien plus léger, commode — si, times is money — bien plus encore : billet est l'épargne du temps.

On a dit encore : « La masse du billet de banque circulante est à comparer à une pyramide renversée, » c'est-à-dire reposant sur le sol par sa pointe et non par sa base, par conséquent toujours mouvante, fragile, pouvant se renverser. Plus on charge le plateau faisant hauteur, plus on rend la base vacillante, mobile, CASSANTE. Il y a donc danger, péril à charger, surcharges. Évitons le billet circulant....

C'est encore une fausse appréciation — le billet de banque ou fiduciaire, alors qu'il est bien compris, bien lancé, bien constaté, naturel, relatif, n'est jamais sur une pointe d'aiguille, mais sur de larges et inébranlables roches, jamais trop abondant.

Hâtons-nous de dire que ce sont des amis ardents, plus que dévoués à la Banque de France — maladroits amis, qui ont lancé ces doctrines afin de justifier son motif DOUBLE FACE de hausser alors que l'encaisse (ce qu'elle appelle encaisse) le dépôt proprement dit, fléchit ; augmenter encore alors que l'émission du billet grossit. De telle sorte qu'on concluait que pour combattre ces effets, la banque devait précipiter la hausse, dût-elle aller jusqu'à 15 et 20 0/0, afin de couper court au mal. Ah ! quelle solidité d'argument ? Et cela sort d'un grrrand économiste, professeur en renommée (1) !

On l'a compris, car cela est saisissant... Nous allons occuper un terrain qui n'est pas celui de la banque actuelle, mais qui lui est contigu. — Terrain le plus précieux puisqu'il se charge de l'ALIMENTATION PUBLIQUE. — Terrain cependant délaissé, desséché et qui allait périr sans notre intervention. — Terrain dont une réunion d'hommes importants a USURPÉ le titre pour en faire une fausse enseigne.

Nous prenons le contre-pied de la Banque. Nous formons la contre-partie, bien heureusement. En effet, la banque est une galère. Elle traîne à ses pieds une chaîne, un boulet qui pèsent SEPT CENT MILLIONS, pour les profits desquels elle est forcée de ramer dans des courants agités, dangereux, toujours exposée à chavirer, à entraîner la fortune publique. — Et que représentent réellement ces 700 millions ? 182,500,000, lesquels devraient être éteints. — Et quel serait le résultat d'une navigation continuée en ces eaux bourbeuses, semées d'écueils ? Il serait de grossir le boulet, de river la chaîne jusqu'à ce que la tempête brise, emporte tout. En effet, on veut gonfler la prime, forcer le cours des actions, ramer aveuglément, atteindre un milliard, et plus encore !!

(1) La Banque ne s'est pas rendue à ce conseil qui prouve évidemment l'ignorance en la matière. — Un peu ébranlée par le bruit qui se fait autour d'elle, elle a tenu en bride son pégase ardent. — Elle n'a été qu'à 5 alors que sa voisine d'Angleterre montait à 8. — Elle a fait de la prudence et l'expérience prouve que cet écart de 3 p. 0/0 que l'on croyait plein de périls, n'a point produit d'émigration de capitaux ni de troubles, ce qui fait tomber à bien bas cette fausse idée que l'on avait sur la SOLIDARITÉ entre les marchés financiers. Nous traitons plus loin cette question solidarité.

*Points différentiels.* — Nous, au contraire, nous amortissons, nous allégeons, nous assurons une allure calme, réglée et nous atteignons le port, DÉGAGÉS de toutes charges, avec un *lest* formant un gros profit, lequel nous *partageons avec l'Etat !!!*

La Banque escompte, agiote, etc., elle emmagasine des montagnes de billets. Chez nous, rien de cela, et cependant garantie complète. La banque émet sa monnaie fiduciaire en retenant des bordereaux, en raccourcissant les échéances, en se faisant l'esclave de quelques grosses maisons et ce sont celles-là qui la tiennent toujours à l'état de périls (1).

Chez nous, nous opérons avec quelques clients *associés solidaires*, tous engagés à soutenir nos valeurs, à les occuper *sciemment* et pour l'intérieur. Donc jamais de surprise.

La Banque a aliéné son capital Elle l'a LIVRÉ, VENDU contre un avantage ; ce qui a été plus qu'une imprudence, un *crime économique*. — Elle reçoit en dépôts des sommes qui ont caractère NEUTRE, INDÉTOURNABLE, qu'elle est tenue à rendre sur l'heure. Et elle appelle cela SON ENCAISSE. — Elle fait de ce FLOT ACCIDENTEL, s'élevant, s'abaissant, un instrument à bascule pour hausser, baisser.

Nous, nous faisons de notre capital social notre CAUTION effective. Cela est sacré. Nous attirons le dépôt des métaux que nous échangeons contre notre métal à nous — et nous reportons sur le mouvement, dans la fortune publique, la partie que la proportion sage relative nous prescrit de ne pas laisser inféconde (ce qui serait un crime).

Le système de succursales pratiqué par la banque constitue une concentration, une entrave au développement, l'ignorance des connaissances locales. Ces succursales coûtent fort cher, et la Banque est incapable de remplir la condition qu'elle a acceptée de les étendre à tous les départements. (Loi de 1857.)

Nous, au contraire, nous soulevons, nous provoquons les facultés, les initiatives locales ; nous aidons avec intelligence, nous décentralisons, et nos sécurités sont bien plus fortes. Nous créons partout des caisses d'épargnes retournant à la terre.

Ah ! combien la différence est grande, TRANCHÉE.

« Et est-ce que ce serait à cause de cela qu'on oserait essayer de nous barrer « le passage ? Alors ce serait curieux.

Mais quel est l'intérêt, soit matériel, soit moral qu'a l'Etat à soutenir et vouloir que la Banque soit ce qu'elle est, reste le le ? — L'État est engagé.

Il est débiteur de cette Banque. Il lui a vendu un privilége qui a encore 45 ans de durée. Fatale erreur, faute incroyable ; — mais à tout péché miséricorde et nous avons démontré le moyen de racheter celui-ci sans coup férir.

Mais encore l'État désigne le gouverneur de la Banque, les directeurs des succursales, a la haute main sur l'administration. En vérité, *cela est-il un bien ? Cela n'est-il pas un mal, un ridicule ?*

Raisonnons : Nous honorons la personne de M. Rouland, mais nous nous demandons pourquoi, comment il est arrivé à occuper ce poste de gouverneur du premier établissement financier, lui qui a été toute sa vie étranger à cette science ? Pourquoi M. Vuitry a-t-il

(1) Si on demandait à la Banque ce que lui coûte son service d'encaissement de ces masses de billets, on serait effrayé du chiffre énorme dépensé *ipso facto* ; et, en envisageant froidement ce service rendu, on reconnaît de suite qu'il n'est pas utile, que c'est une superfétation, un point de vanité, un leurre... Ce très grand nombre de clients à la Banque résulte d'un faux principe. Escompte du papier par elle. L'escompte des effets, billets, lettres de change appartient, naturellement à l'industrie du banquier, à la liberté, libre concurrence. Une banque nationale ne doit émettre que sa monnaie fiduciaire contre nantissement certain. Voilà le vrai principe.

pu arriver, succédant à M. le comte de Germiny, nommé sénateur. Et enfin pourquoi cette mutation de M. Rouland du conseil d'Etat à la Banque, et de M. Vuitry de la Banque au conseil d'État. Et au fond de tout cela nous ne rencontrons que *questions* de personnes, compensations, dédommagements, fiche de consolation, etc., etc. Encore et toujours au mépris des règles générales du bien public. Il en est ainsi des positions subalternes.

« EH BIEN, CELA EST TRISTE, TROP TRISTE, PLUS QUE TRISTE. »

## Crédit foncier agricole, finances, de Rothschild ?

Quittons ce terrain mouvant de la Banque; arrêtons-nous au Crédit foncier AGRICOLE, et disons rapidement que là il y a simulacres, usurpation de titres et qualités, abus de confiance, et qu'il serait temps que les grands noms, que les hautes positions qui administrent le reconnaissent franchement, loyalement, en déclarant qu'elles sont, par le fait de la Banque, dans l'impuissance d'opérer conformément à leurs statuts selon leur *parole donnée.*

Nous les avons, ces grands personnages, plusieurs fois invités à vouloir bien nous entendre, afin de nous comprendre; ils ne l'ont pas voulu; ils ont eu tort, et ce tort ils peuvent le réparer : il en est temps, mais en changeant d'esprit.

Allons plus loin et en étendant le regard sur le tableau en général, en allant au fond de ce mouvement financier qui se produit à cette époque, nous ne voyons qu'agitations fiévreuses, cahos, imprudences, courses à toutes brides vers des profits trompeurs. Nous déplorons ces expédients, ces charlatanismes, ces affichages, ces réclames dans les journaux, etc., colonnes remplies de promesses des mi le et une nuits, dont les résultats les plus réels sont pour les feuilles-réclames qui se font payer si cher, un moyen par lequel on parvient à paralyser l'action libre de la presse, à acheter son indépendance. « Nous *vous occupons*, nous vous payons, donc, vous ne devez rien accueillir, ne rien dire contre nous. »

Ah! que cela est triste! ah! que cela est laid!

Toutefois, nous admettons quelques exceptions, et nous accordons à César ce qui appartient à César. — Disons donc qu'à travers ces institutions recourant à toutes extrémités, recherchant ce qui peut surgir le jour, s'éteindre le lendemain, mais laisser en leurs mains quelques débris, nous apercevons une institution financière *noble*, une seule faisant *a parte;* c'est celle ROTHSCHILD ! ! Ah ! pour celui qui dirige cette institution, il y a talent, puissance. Il n'est de rien, nulle part; — il est de tout, partout; — il domine. — Jamais une clameur contre lui, jamais de faveurs demandées à l'État, jamais de dépréciations! — Jamais de larmes, d'imprécations! — Jamais d'injures, de récriminations par la presse, par qui que ce soit. — Comme ses emprunts sont vite couverts, quoique sans grelots ni gros lots.

Le financier BARON est le banquier des États; il a en main leurs plus solides cautions; il a la clientèle des aristocraties titrées et d'argent; il tient tout. Après lui, il n'y a plus qu'à glaner. En combinant ses bordereaux, il enlève à la Banque tout le métal qu'il convoite; il y fait la pluie et le beau temps. Il est satisfait, et à bas prix, alors que les vrais clients de la Banque se présentent, et sont rançonnés.

Ce sont là les conséquences du système faux de mettre en circulation le billet de banque; on ne peut le faire avec CONDITIONS, (ce que chez nous nous pratiquerons).

La Banque est isolée, pressurée, sacrifiée. — Cet amas de métaux, qui feraient sa force, sont une cause de ses faiblesses; ils appauvrissent la fortune publique. — Ces dépôts sont, de leur nature, *muets*, *inertes;* on les rend le nerf sensible, très-sensible; l'oscillation constante des plateaux de la balance indique un régulateur vicieux. — C'est assez prouvé. Pourquoi persister? C'est trop jouer avec le péril. — De Rothschild sait tout cela, il l'exploite à merveille.

Qu'est donc la Banque de France, à côté de ce Roi des finances, puisqu'au moyen de quelques millions, portés sur un plateau, retirés avec opportunité, calculs, il peut tout faire, tout opérer. — Et dès lors pourquoi l'avoir appelé à l'enquête?...

AH PETITE BANQUE. Ah belle supériorité. — Eh bien! nous allons surpasser cette supériorité.

## Une Compagnie générale des assurances; Contre-assurances.

Nous avons pensé, et nous pensons qu'il sera facile, *utile* de joindre, de *souder* à notre Banque une institution des *assurances*, réunissant toutes les natures, résumant tous les points des assurances en général. L'état des compagnies existantes et en cours de pratique est imparfait, insuffisant. Il faut implanter là, et encore, l'esprit de l'union, la responsabilité, L'ASSURANCE MUTUELLE.

Nous profiterons des fautes qui ont été faites pour répandre ce principe et le conduire à bonne exploitation. Rien ne se présentera pour cela de plus heureux et à propos que *l'éclosion,* l'explosion de notre institution financière. Nous n'en dirons pas davantage ici.

## L'Agriculture et le Conseil d'État.

L'agriculture n'est pas en honneur... Elle n'a pas de relief, nous l'avons démontré, et il importe qu'il en soit autrement...

Cela nous est confirmé par toutes les voix, par tous les renseignements qui nous parviennent. On a honte, en bien des rangs, de se déclarer ami, protecteur de cette belle figure, *l'agriculture.*

AU CONSEIL D'ÉTAT, elle est traînée à la remorque de tout; on nous assure même qu'en ces rangs des conseillers, maîtres des requêtes, auditeurs, on aurait de la peine à former une section *tout agricole;* chacun rougirait d'y être attaché!! Et cependant que de législations à étudier, à réformer, à former...

Que de petits jeunes gens qui se voient *Conseiller d'État,* alors qu'ils entrent dans les lycées, qui ont le cordon à la boutonnière tout aussitôt qu'ils en sortent, pour être secrétaires de quelques Excellences, etc., se trouveraient déshonorés si on leur enjoignait de faire quelques études agronomiques, d'aller passer quelque temps à Grignon, etc., et qui, cependant, sont appelés à trancher, dans leur ignorance, sur le sort de l'agriculture?? — Et combien d'autres ridicules.

Eh bien, un ministre spécial rompt tous ces scrupules; il élève, au sommet de la pyramide, l'idole, et lui assure des respects, des hommages... Et rien ne s'oppose à cela... Un changement dans les habitudes administratives, le déplacement de deux à six fonctionnaires... presque rien, sinon rien. — Ajoutons que la Banque spéciale se charge de pourvoir à tous les frais d'installation, d'entretien, d'action, etc. De sorte que, loin d'avoir son budget chargé, l'État recueillera des profits immenses par l'accroissement de la production, par l'égalité dans les charges, par les encouragements de toutes natures qui se produisent.

On sait que nous avons fait le choix de deux emplacements remarquables pour élever le palais du Ministère de l'agriculture, l'hôtel de la Banque agricole. Nous sommes en mesure de tout prouver, tout enlever : que LES DÉPUTÉS LE VEUILLENT DONC !..

## Le syndicat des agriculteurs distillateurs.

Alors que nous avons appris qu'il existe un syndicat des agriculteurs distillateurs, c'est-à-dire une union des agriculteurs qui tirent en leur ferme de *la betterave, de l'alcool*, nous nous sommes écrié : Ah ! *voilà* un noyau, un *centre*, et pour nous un point d'appui. Nous nous sommes empressé de nous renseigner, et nous avons appris que ces messieurs formaient un total de 50 à 60, et se réunissaient tous les quinze jours, à chaque mercredi. — Le nombre des distilleries, à la ferme, est estimé à cinq cents.—Nous avons cherché à nous mettre en rapport avec les délégués de ce nombre, réduits à douze. Nous avons bientôt appris que l'objet de leur association, et le but de leurs efforts, était un fait isolé, un intérêt particulier. En effet, les efforts de ce syndicat tendent à demander et obtenir que l'alcool de betterave soit largement introduit dans le vin, — *opérer le vinage* en grand,— et pour cela ils demandent que le droit de la liqueur affectée à ce service soit réduit à 20 francs l'hectolitre. Ils s'interdisent tout autre point de progrès ; ils craignent la complication, et veulent d'abord faire triompher leur demande.

Je ne puis donc voir dans cette réunion d'hommes attachés à une industrie, très-importante sans doute, qu'un intérêt isolé, personnifié. Or, en fait de droits d'octroi, de régie, le tout constitue « une « *hydre aux sept têtes, qu'il importe d'abattre toutes d'un seul coup.* »

Il ne peut y avoir détachement, isolement ; toutes productions frappées sont *sœurs* ; il n'y a qu'un *point*, une *tâche*. Ce n'est pas absolument perdre son temps que de détacher un intérêt ; cela *ramène à l'unité*. Laissons faire ce syndicat dans sa spécialité.

Ces messieurs m'ont assuré que les points que je soulève, BANQUE SPÉCIALE, MINISTÈRE DÉTACHÉ, sont des plus intéressants ; que j'avais à l'avance toutes leurs sympathies. Tenons nous en à cela pour le moment.

## Le syndicat des viticulteurs. — Le VIN !!

Les vignerons, les crus, la Bourgogne, le Bordelais, les grands crus, les plants de premier mérite, se remuent aussi, et énormément, et avec intelligence. — La mémoire de Noé est frappée en la vigne, le jus de la treille est trop fortement atteint par les octrois, par les entraves, les ennuis, les vexations des représentants du fisc. Cette haute production réclame liberté, libre arbitre chez elle et chez l'étranger. — C'est pour elle une condition de se retremper dans la vraie nature, de chasser les *marchands du temple*, d'arrêter les sophistiques. C'est aussi le seul moyen de grossir la production, d'élever la consommation, et d'ajouter à la santé publique par une meilleure nutrition. — Nous sommes tout pour cela, et nous croyons que les organes de la *vigne* accueilleront notre proposition.

Ce sont eux qui ont provoqué un *congrès* en la capitale, afin de traiter la question largement au sein de la nation, devant le gouvernement. — On sait qu'ils ont été maladroitement, malheureusement repoussés. Ils ont manqué d'un organe naturel, le *ministère spécial*.

Nous avons le bonheur de le leur annoncer pour bientôt. — Eh bien! ils auront le courage de se transporter à l'étranger et d'ouvrir cette large discussion sur un terrain ami, sous la protection d'une autorité bienveillante, intelligente... Ne faisons à cet égard nulle autre réflexion, c. comptons sur de grands résultats par ces manifestations.

Des pétitions sont adressées par ces hommes d'énergie au Sénat; elles se couvrent de nombreuses signatures. — Notre pétition. si bien motivée, adressée au grand corps, n'y sera donc pas isolée.

## Le blé, le pain sont bien les assimilables.

Rien de plus précieux que le *pain*, c'est admis. Point de pain sans le BLÉ.

Le blé est le produit agricole le plus important comme le plus précieux. C'est la base de l'agriculture : « LABOURAGE, PATURAGE, PAIN, VIANDE. VOILA ! »

*Importance*. — Près de 7 millions d'hectares de terres sont employés à la culture du blé. Chaque hectare doit produire 20 hectolitres au plus, 15 au moins. A 20 cela fait 140 millions ; à 15 cela fait 105 : moyenne, 122 millions d'hectolitres de blé, lesquels à 20 francs donnent 2,440,000,000 ; à 15, 1,830,000,000 : moyenne 2,135,000,000. DEUX MILLIARDS CENT TRENTE-CINQ MILLIONS. Ceci est expressif, éloquent. — Ce n'est pas le dernier mot.

Les souffrances de l'agriculture proviennent particulièrement du bas prix auquel est tombé le blé indigène depuis que les blés étrangers sont admis au droit de 50 centimes par navire au pavillon national, et 1 centime par navire au pavillon étranger.

Nous avons indiqué qu'il n'y a pas lieu à récriminer sur ce résultat du libre échange ; qu'il y a lieu, au contraire, à s'attendre à ce que, *infailliblement et avant peu*, ce faible droit protecteur aura disparu, la conséquence logique du courant des idées conduisant à établir le *niveau*, à rendre les ports francs, placer les pavillons sur le même pied.

Or donc, il importe de chercher ailleurs la protection à accorder à notre blé, le moyen de sinon relever son prix, au moins de réduire le prix de revient, d'abaisser les charges, augmenter les forces.

A cet égard, tout est à faire, à produire, et nous avons établi par des travaux antérieurs que tout était possible, facile, d'abord par le crédit, par l'organisation, et en faisant du BLÉ un agent du métal.

Nous avons indiqué sa facilité à se prêter au cautionnement, soit en des magasins généraux, soit même sans être distrait de chez son propriétaire.

Les moyens de conservation assurée et à bas prix existent et peuvent être largement mis en pratique.

Nous avons dit qu'il y avait là un moyen d'équilibrer, de pondérer, de faire compensation entre les bonnes et les mauvaises récoltes.

Nous avons dit que c'était le succès de la taxation du *pain* toujours assurée à prix raisonnable, rémunérateur ; que c'était le moyen encore de rendre la France *prépondérante*, maîtresse du marché général des blés. —Il ne nous a été accordé aucune attention sérieuse ni par le journalisme ni par la société d'agriculture de Paris. Quant à l'administration, elle a enterrée nos communications (1).

Or. il y a quelques jours (le 29 décembre), un écrivain journaliste attaché à l'agriculture, M. V. Borie, rédacteur de l'Echo agricole, de la Revue agricole de quinzaine au *Siècle*, et dont nous nous sommes déjà occupé, nous a ramené sur la question, en parlant singulièrement du PAIN à l'état libre et du PAIN à l'état réglementé.

(1) La division des substances est la plus mollement dirigée.

Je ne suivrai pas l'écrivain spirituel, *Mièvre*, dans sa manière d'apprécier la liberté et de plaisanter les quelques autorités municipales qui ont cru qu'il était de leur devoir de protéger leurs administrés contre les envahissements des abus causés par cette liberté, en revenant au mode de réglementation par la taxe. — Je laisse à M. Borie le droit de ridiculiser des hommes revêtus d'une autorité respectable, et qui sont responsables, et de dire à ce sujet — *que nous avons acclimaté le dindon.*

Mais je me permettrai de trouver étrange et de l'exprimer ici, qu'un écrivain attaché à une presse spéciale, à une autre presse importante et prétentieuse, n'ait rien d'autre à dire, à exprimer que de mauvaises comparaisons, des facéties du cru.

M. Borie est-il donc un homme à courte vue, sinon à idées étroites. — S'il n'en est pas ainsi, il serait temps qu'il le prouve en raisonnant, en entrant à fond dans la question. — N'en a-t-il pas le temps, absorbé qu'il doit être par les articles qu'il pousse partout et qu'il écrit *currente calamo* en robe de chambre au coin du feu (1).

Nous ne redoutons pas la supériorité, nous l'appelons ; — nous combattons, nous repoussons la médiocrité ou le mauvais vouloir. C'est toujours, et en tout, cela qui nous barre le passage et qui obstrue les voies de publicité. — Nous assurons que M. Borie, pas plus que son collègue Th. Bénard, n'ont rien prouvé à l'égard de la liberté bienfaisante.

Par ce qui suit, notre pétition au Sénat, nous avons constaté qu'à l'égard du pain elle avait produit des excès, des écarts coupables. — qu'elle avait particulièrement organisé l'illégalité, le débit à faux poids, — que cela est un scandale.

M. Borie a la prétention d'occuper, à la société impériale et centrale d'agriculture de France, le fauteuil laissé vacant par la mort de M. *Dupin* aîné. Nous ne nous y opposons pas, mais pour Dieu ! qu'il s'en montre digne par la gravité, par le respect aux opinions d'autrui, par l'attachement à la cause qu'il a épousée : — L'AGRICULTURE.

Nous aimerions bien qu'il y apportât un peu d'ardeur, de la hardiesse, de la foi, de l'indépendance, etc., et surtout une bienveillante hospitalité.

Nous affirmons à M. Borie, et à tous autres, que le *blé-pain* est un produit à nul autre assimilable, et que, quelque soit le degré des libertés commerciales, il en sera toujours ainsi, sinon à la surface, au moins *intimement.* — C'est qu'un gouvernement sage, conservateur, n'abandonnera jamais le *pain* d'une manière absolue. — Comme il l'a dit, il y a là, *salus populi.* Il y a aussi le *regni destructor.* C'est ce qu'un chef de l'État ne perd pas de vue, — et mieux vaut une *production* réglementée sagement, qu'une intervention occulte, à coups de millions gaspillés, comme cela s'est vu malheureusement.

Et, pour confirmer cette opinion, nous ajoutons par comparaison, — mais comparaison saine, — qu'il faut à l'estomac du travailleur une ration quotidienne de pain de 800 grammes au moins, si ce n'est plus, et pain de bonne farine. — Si l'on abaisse la ration, il y a déperdition de forces, dépérissement, donc *nécessité.* — Au contraire, il importe peu au travailleur que son corps soit recouvert d'habits sortant des ateliers de *Dusautoy,* ou de la Belle-Jardinière. — Il peut se garantir contre les rigueurs de la saison en portant des vêtements démodés plus ou moins prolongés dans leur service et travailler avec ardeur pour arriver aux plus coquets.

Encore une fois, disons aux fanatiques de la *liberté,* et M. Borie en est un : « Elevez la « tête, voyez ce *mécanisme céleste,* c'est l'infini. — Examinez le mouvement, la rotation « de ces *huit* corps qui se meuvent dans le vide. Et ce soleil si gros, si puissant, qui les « échauffe tous à lui seul, demandez-vous si c'est là la liberté de se heurter, s'entrecho- « quer, etc., si ce n'est pas réellement là l'organisation la plus libérale, magnifique. »

*Répondez.* Encore, Messieurs, *répondez...*

(1) M. Borie rappelle qu'il a publié, il y a deux ans, une brochure qu'il a intitulée l'*Agriculture au coin du feu...* Ce doit être chaud.

# TROISIÈME PARTIE.

## DES COMMISSIONS. — DES ENQUÊTES. — LE CONGRÈS.

Et moi aussi je m'écrie : DE L'AUDACE ! encore DE L'AUDACE ! et toujours DE L'AUDACE !!

C'est surtout pour faire ce dernier chapitre, qu'il me faut apporter une *noble audace...* J'ai besoin de soulever partout les esprits, de les pousser à L'AUDACE.

Les institutions existantes appartiennent au mouvement des idées, et les hommes qui les dirigent sont du domaine de la discussion, de l'appréciation équitable, sérieuse; autrement il n'y aurait pas d'histoire possible, point de progrès réalisable.— Plus un auteur aborde des sujets sérieux, plus il se rapproche des sphères élevées, plus il est aux prises avec les difficultés, plus il voit s'élever autour de lui les passions, le machiavélisme.

On l'a vu, j'ai abordé les points économiques les plus élevés, les plus délicats; j'ai touché aux institutions les plus importantes, là où est la force, d'où sort l'arbitraire; et je n'ai pas dû le faire inconsidérément; il me faut donc pouvoir continuer.

Eh bien ! on me ferme toutes issues, on me condamne par prévention, on me calomnie : « ON NE VEUT PAS SE TROUVER EN FACE DE MOI. » Que faire donc, sinon en appeler à à l'opinion publique.

J'ai présenté la Banque comme étant le réceptacle d'aberrations de l'esprit, d'interprétations fausses, pratiquant NÉGATIVEMENT, tournant de plus en plus vers le vice et le dommage, etc., etc.

On nomme une enquête, et les membres de cette enquête refusent d'admettre ma déposition; ils repoussent mes protestations. Pourquoi cela? Comment comprennent-ils leur mandat? A qui veulent-ils plaire ou être utiles?...

Je parle avec précision, netteté, des administrateurs de cette banque; je leur dis qu'ils ne sont ni avec la *justice*, ni avec la *vérité*. Je précise, je prouve. — Et ces hommes si élevés, ayant une si forte responsabilité, font, à mon égard, sourde oreille.

En ne m'accusant pas de fausseté, ne me donnent-ils pas raison? C'est là ma conclusion, « Je *triomphe*, puisque j'ai raison; » mais ce n'est pas assez, il faut le redressement, l'application : mon audace me conduira-t-elle jusque-là?

J'ai signalé les causes de discrédit d'une autre institution, dite *crédit agricole*; j'ai mis en cause ses administrateurs, qui, eux aussi, ne sont ni avec le vrai, ni avec le juste; j'ai provoqué des explications; et là encore je rencontre immobilité, impassibilité... Cela est-il croyable, et que faire à cela?.

J'ai dit qu'un ministre de l'agriculture, qui avait les travaux publics, les commerces, les industries, est impuissant à représenter l'agriculture, à l'élever à l'état de dignité, de force que le pays attend d'elle; et ce ministre, que je prends directement à parti, garde, lui aussi, le mutisme absolu. Depuis que M. le Ministre dirige ce département, je lui ai soumis des pièces importantes, je lui ai demandé des audiences; il ne m'en a accordé aucune.— J'ai pu me faire recommander par M. le secrétaire-général de son département; et cela ne m'a pas fait ouvrir la porte de son cabinet; et cependant comment mieux s'entendre, se comprendre, que par conférences? Quel est donc l'esprit, quel est le caractère de cet homme ministre si dédaigneux?

Mais au fond, M. le Ministre n'est pas indifférent autant qu'il le paraît à mes idées. Il vient de nommer une commission chargée d'instruire sur le CRÉDIT AGRICOLE. — Et cette commission s'est tout d'abord occupée de moi pour déclarer et faire connaître mes travaux, mes plans comme étant des études, des théories creuses, impraticables, et elle ne m'a pas fait appeler, elle n'a pas voulu m'entendre, elle s'est hâtée de jeter sur moi le ridicule et le discrédit. Encore une fois, est-ce là de la dignité, est-ce là le bon moyen d'arriver à la vérité, à l'utile?

Comment me prémunir contre ces petites menées que j'appelle machiavéliques ? Je dirai toute la vérité. Eh bien, il y a des hommes d'un esprit étroit, quoique distingués par une spécialité, d'un caractère entêté, obstiné, hautain, etc., qui ne veulent rien concéder, rien reconnaître et pour lesquels les progrès, les réformes sont des *utopies*, des calamités, et fussent-elles présentées avec l'éclat du diamant le plus brillant, elles ne seront jamais pour eux qu'un bloc de *charbon*.

Or, il arrive que cette commission nommée par M. le ministre est présidée par un homme ayant cette tocade, ce travers de tout voir en noir. C'est un hardi et prompt écraseur des idées, des cerveaux en ébullition.

Cet honorable sénateur ex-conseiller d'État ne donnera jamais un démenti à ce qui est sorti de son corps. Or, le conseil d'État a créé, constitué, replâtré la Banque, le Crédit agricole, et rien n'est mieux. Périssent les intérêts majeurs, périsse l'agriculture qui nous nourrit, *mais que le principe reste* SAUF. — *Infaillibilité.*

Tel est l'homme président, ainsi doit voir la commission entière. Et ce n'est pas cette fois seulement que je tombe sous cette pesante appréciation ; c'est la *troisième fois*. Déjà deux fois, le très-honorable et habile jurisconsulte SUIN m'a étouffé. Et ce, de son autorité privée, sans l'avis de ses collègues, sans formes ni procès. Il y prend goût. Il importe de l'arrêter, et cette fois j'ai l'audace de protester et de me récrier (1).

On me l'accordera bien, j'ai aussi ma dignité, mes intimes convictions à soutenir, je ne veux pas être écrasé contre un mur.

J'ajoute que cette commission a encore pour vice-président M. le directeur de la division de l'agriculture. Or, en demandant le détachement de l'agriculture, et la formation d'un *ministère de l'agriculture, des eaux et forêts*, j'exécute M. le directeur qui devient ma première victime. Dès lors son ressentiment se comprend.

Ces incidents ou ces combinaisons sont pour moi l'occasion naturelle de dire ce que je pense, ce que l'on pense de ces systèmes de COMMISSIONS D'ENQUÊTES. Eh bien, ces moyens d'élucider, de sonder l'opinion publique, sont faux, insuffisants à différents degrés. Ils ne sont plus que superficiels, moyen échappatoire.

Ce mandat d'enquêteurs est dévolu à une catégorie d'hommes élevés. Il est pour eux un privilège, un hochet de vanités. Ils ont tous de ces charges, soit rétribuées, soit politiques, honorifiques de tous degrés, de tous caractères; ils ne peuvent y suffire. Ils apportent partout le *fac simile*. Ils sont de tout et partout, de rien et nulle part. Ils assoupissent, ils laissent périr. — Pour les hommes compétents, praticiens, on les écarte.

Ah ! comparons à ces petits moyens, ce que serait pour ces hautes questions, un CONGRÈS, l'expression spontanée, la discussion libre, large.

La différence serait du tout au tout. Je ne puis m'étendre ici d'avantage. Le congrès jette la sonde et pénètre au fond de la plaie ; il saisit la partie qui souffre.

L'enquête composée d'importants, d'incompétents souvent, s'arrête à la surface, ne palpe pas, ne saisit pas la douleur.

## Causes véritables du refus de congrès, conséquences.

J'ai pris l'initiative d'une demande de congrès en faveur de l'agriculture. J'ai été étouffé.

(1) Je reviens un peu plus loin sur cette commission.

Cette demande s'est reproduite récemment par les hommes les plus pacifiques, les plus conservateurs. Ils sont repoussés. *Pourquoi cela?* Il est probable que ce refus auquel on ne donne aucune justification est fondé sur des embarras financiers, la nécessité des impôts plus à grossir qu'à réduire. On voit tout d'abord sortir de ces réunions l'*octroi*, la *régie*, *arrivés à leur fin* et on ne saurait comment pourvoir à cette brèche; la ville de Paris se dresse contre tout changement au premier rang.

Eh bien, soyez rassurés, hommes de finances, aux courtes vues, aux expédients vieillis, usés. Je vous présente un moyen infaillible, un remplacement qui grossira vos revenus, loin de les réduire, et la ville de Paris y applaudira.

Autorisez donc les congrès, soumettez-leur ce moyen, faites appel aux intelligences et vous aurez à choisir parmi les moyens qui se produiront.

Ne faites pas toujours et en tous cas les très-puissants et les très-petits, ayez confiance en votre pays : *Dieu protége la France !!*

L'Empereur. — Ce qui, à mon point de vue est le plus regrettable dans ces moyens de résistances, c'est qu'on ne manque pas de mettre en avant l'*Empereur*.

On semble avoir tout arrêté lorsqu'on a dit : « L'Empereur n'est pas de cet avis, l'Empereur *protége* cela, celui-ci; l'Empereur ne le veut pas, etc., etc.

Pour ma part, je suis convaincu qu'il y a là, le plus souvent, *comédie*; l'Empereur ignore beaucoup, beaucoup trop. — On le dépopularise.

On m'assure que l'Empereur ne voudrait pas qu'on touchât à la Banque; moi j'affirme que l'Empereur ne connaît pas la *Banque*. J'offre de la lui faire connaître, et on me repousse, on m'enverrait plutôt en Sibérie. Eh bien, c'est ainsi qu'on précipite le pays dans l'abîme.

On m'avoue que l'Empereur ne voudrait pour rien au monde déranger l'administration de l'agriculture, parce qu'il est certain qu'elle est bien représentée. — Moi, j'affirme que l'Empereur ne connaît ni l'agriculture ni son administration, j'offre de lui tout dévoiler, faire toucher, mais on se garde bien d'accepter mon offre. On me précipiterait dans les catacombes.

Le point financier le plus important à débrouiller, c'est celui qui regarde l'*Etat* et la *Banque*, la *Banque* et l'*Etat*. Le premier est trop dans la seconde, la seconde est enfoncée dans le premier; dégagez donc et tenez à distance ensuite, et vous aurez accompli le grand pas; mais pour cela il faut liquider, reconstituer, je vous l'ai dit, je vous le redis, cela vous épouvante, cela prouve que vous n'êtes qu'*ignorants* ou absorbés.

Organiser libéralement, tout est en ce mot. Congédions donc le monopole avec de bonnes formes; repoussons l'oligarchie qui se présente sous le masque de la liberté. L'*agriculture* vous servira d'introduction.

O ! Messieurs les députés, reportez-vous à la lettre que vous présente l'agriculture, accueillez sa supplique, et vous serez grands, plus grands que ceux qui vous ont précédés.

J'ai parcouru la voie qui s'est ouverte devant moi d'un pas ferme, je suis arrivé à son point de bifurcation. Je m'arrête et vous regarde. D'un côté la pente, la chute, de l'autre l'ascension. — Si vous me tendez la main je gravirai sans vanité, sans ambition; si vous me tournez le dos je descendrai sans murmurer, avec dignité, disant : malheureuse France !!

P. GOSSET,

*Enfant de l'agriculture.*

Paris, le 20 janvier 1866.

# QUATRIÈME PARTIE.

## Après le discours de l'Empereur; ouverture de la session législative.

En commençant ce travail, j'ai bien pensé aborder les points les plus délicats, élevés. — J'ai été décidé à ne pas me laisser intimider par aucune pression ni personnalité. — Je crois avoir réalisé; — mais je ne m'attendais pas, je l'avoue, à me trouver en présence de S. M. l'Empereur, et engagé à me mettre aux prises avec *vox imperatoris*. — Pourtant, j'y suis conduit, j'y suis contraint, m'y voilà. — J'accepte cette délicate question de la controverse. Je me couvre du manteau de la *liberté*, *libre arbitre* : le *Errare humanum est* s'étend du plus bas au plus élevé.

Je sais que je fais de l'histoire, que je trace l'avenir. Et l'Empereur l'a dit : « la vérité « historique doit être non moins sacrée que la religion, — les faits doivent être recueillis « avec la plus scrupuleuse exactitude. » — De son côté, S. Exc. M. le président du Corps législatif vient de nous dire « *L'Empire n'a rien à redouter de la discussion.* » — Le champ est donc libre.

Depuis que j'écris sur l'économie sociale et politique, j'ai toujours été protégé par la liberté, respectée par les mandataires de l'administration. — Ils ont reconnu dans mes écrits, même dans les passages sévères, personnels, l'intention, la vérité, la précision. — Je suis connu et tout ce qui vient de moi PASSE, — non que ce soit inaperçu. — Il est arrivé que mes imprimeurs, craintifs sur quelques passages, ont été rassurés par ces mêmes organes.

Au résumé, les organes de la presse ont tous, et chacun à leur point de vue, usé de cette latitude.

Eh bien, en ne prenant du discours impérial que le paragraphe qui se rapporte à ma spécialité, l'agriculture, je viens dire avec franchise et loyauté et convaincu que je rends service à l'auguste orateur, que ce qu'il dit est *incomplet, insuffisant*. Et je m'efforce de combler ces lacunes regrettables. — Peut-être serai-je conduit malgré moi jusqu'à la critique. — Toutefois, ce ne sera pas sans y apporter les plus grands égards. — Je le déclare encore ici, je suis profondément attaché à la dynastie qui nous gouverne, — et je suis convaincu que je la sers dignement, noblement, alors que je l'éclaire...

L'Empereur reconnaît que l'agriculture souffre.., et il dit : « J'ai pensé qu'il était utile d'ouvrir une SÉRIEUSE ENQUÊTE sur l'état et les besoins de l'agriculture. » Elle confirmera, j'en suis convaincu, le principe de la liberté commerciale, offrira de précieux enseignements, facilitera l'étude des moyens propres, soit à soulager les souffrances locales, soit à réaliser des progrès nouveaux. — Cela est bien; mais pourquoi ce mot SÉRIEUSE à propos d'enquête? J'attache à ce mot une sérieuse importance. — L'Empereur ne reconnaît-il pas par là que *toutes enquêtes ne sont pas sérieuses?* Ceci est précieux à recueillir, et je reporte à ce que j'ai dit au dernier chapitre.

Eh bien, l'Empereur est dans le vrai, oui, personne ne le contestera. — Toutes enquêtes ne sont pas sérieuses. — Mais comment faire pour que l'enquête promise, accordée, devienne une

ENQUÊTE SÉRIEUSE ? L'Empereur ne le dit pas, il ne le sait pas probablement.—Je vais, moi, le lui dire, l'apprendre à tous.—« Il importe simplement que l'enquête sur l'agriculture : sorte de l'agriculture, soit faite par elle ;—que l'administration se retire le plus complétement, qu'elle ne trace aucun cercle, nul programme, qu'elle se décline, suive avec intérêt dans l'expectative. — Rien de plus clair, de plus naturel. — Nulle INFLUENCE, aucune PRESSION. »

Le premier point à poser est celui-ci : « L'agriculture est-elle assez représentée, suffisamment protégée dans le gouvernement? — N'y a-t-il pas lieu de lui attribuer un MINISTÈRE SPÉCIAL détaché, réunissant tout ce qui est de son domaine, les eaux, les forêts, les chemins ruraux, vicinaux, etc., etc.

On le comprend de suite, là est le point de départ du programme : « OUVRIR une voie « neuve par une administration neuve, — fermer la porte aux vieux abus, — ouvrir la « porte aux progrès, aux idées neuves et saines. — Pas de changements, pas d'améliora- « tions sans cela, point d'ère nouvelle. »

Assurément l'administration dirigeante ne se prêtera pas à cette rédaction, à cette éclosion. — Elle arrêtera, elle comprimera, et dès lors l'ENQUÊTE ne sera pas SÉRIEUSE, les paroles impériales seront vaines, la foi, la considération qui s'y rattachent seront ébranlées, effacées, etc., etc. Il ne faut pas qu'il en soit ainsi; — ou alors tout est perdu. Et cependant cela sera si les agriculteurs ne sentent pas, ne comprennent pas s'ils laissent faire, s'ils se livrent aux préfets. « AVIS AUX HOMMES en RELIEF, aux DÉPUTÉS. » Ceci est suffisamment expliqué et bien à temps.

L'Empereur a dit en débutant : « Si en ce moment l'agriculture souffre de l'avilissement « du prix des céréales, cette dépréciation est la conséquence inévitable de la surabon- « dance des récoltes. » — J'ai souligné ces deux mots avilissement, inévitable. — Je dis de suite à cet égard qu'il ne doit jamais y avoir avilissement de prix, que rien n'est inévitable, surtout en cette circonstance.

Le prix de 20 francs le quintal n'est pas avilissant alors qu'il y a abondance, surabondance. Il peut être rémunérateur autant et aussi bien que celui de 30 francs quand la récolte a été médiocre, mauvaise. — Dans le premier cas, la provision est à 15; dans le second cas, elle s'abaisse à 10; donc le relatif, les proportions existent.—L'AVILISSEMENT, il est évitable, par la pratique de la PONDÉRATION, de l'ORGANISATION, par les débouchés, facilités, assurés, par un marché bien tenu, sagement réglementé, avec cela, il n'y aura pas d'avilissement. Et ces sages préceptes observés, pratiqués, le principe des libertés commerciales sera confirmé!

Le nœud gordien de ce problème à résoudre, il est tout et seulement dans le PRIX DE REVIENT!!!

L'agriculture ne souffre pas qu'au point de vue des céréales... Elle souffre à l'égard de tous ses produits, blé, vin, viande, alcool, sucres.

Elle souffre par les bras qui la quittent; elle souffre par le capital, le crédit qu'elle n'a pas, par l'éloignement des propriétaires, par le morcellement. Elle souffre par la mauvaise administration, par la législation mauvaise.

Il importe que l'Empereur le sache... Et ce n'est pas son ministre qui le lui dira. — Le prix de revient surtout s'est élevé beaucoup, il s'élève énormément, il s'élèvera horriblement... Le prix de vente s'est abaissé, s'abaisse, s'abaissera encore et toujours.

Il est difficile d'arrêter ces deux extrêmes qui ont une conséquence, la même, la ruine de l'agriculture, — la dépréciation du sol, l'appauvrissement de la nation...

Cela n'est pas impossible pourtant; — cela le deviendrait cependant si l'ADMINISTRATION RESTAIT CE QU'ELLE EST... Il faut des connaissances exactes, étendues, il n'y en a pas. Il faut de l'abnégation, du dévouement : cela manque. — L'autorité dirigeante ne saurait se confondre en un système *libérateur* qui doit avoir son organisation spéciale.

Ces paroles de l'Empereur en une solennité sont réellement incomplètes, insignifiantes, et par cela dangereuses. — Elles ont été puisées aux deux dernières circulaires de M. le ministre Béhic, incompétent. Ces circulaires ont été mal accueillies en tout le monde agricole. Elles ont soulevé d'unanimes improbations, et il est triste qu'elles aient fait la base d'une péroraison.

Ajoutons encore que si, par suite de deux années successives de deux bonnes récoltes, lesquelles présentent un excédant de 10 à 15 millions d'hectolitres ou quintaux, nos producteurs éprouvent la gêne, la ruine, il arriverait, que si la Providence nous infligeait le châtiment (bien mérité, hélas !) de deux années moyennes mauvaises en rendement, la position changerait du tout au tout.—Dès le lendemain les prix seraient excessifs pour un déficit moindre que n'aurait été l'excédant d'hier. — Que serait devenu cet excédant ? Il aurait été la proie du charançon, de l'air, de l'incurie, d'une part ; de l'autre, il passerait rapidement en les mains de quelques habiles faiseurs, toujours prêts à spéculer sur les misères. — Et aux souffrances des agriculteurs succéderaient les souffrances plus aiguës, plus nombreuses des consommateurs, triste conséquence de notre régime d'isolement, d'imprévoyance, d'incurie, d'apathie !

Rayons donc du programme impérial ces deux mots : INÉVITABLE, AVILISSEMENT. — Nous pouvons éviter tout. Nous ne devons point souffrir qu'on avilisse le blé qui est notre pain quotidien...

Au contraire, élevons ce mot SÉRIEUSE. — Que tout ce qui relève de l'agriculture soit SÉRIEUX, EXACT, HONNÊTE, — et nous aurons un moyen d'équilibrer, de pondérer, de préserver. — Le blé est le produit le plus serviable, utilisable, transmissible. — Il est un capital.

Nous nous rappelons que, en nos prières premières, on nous a appris à dire ceci « Sei-« gneur, accordez à la France de bonnes récoltes, — protégez-nous par l'abondance. » Le procédé de *l'avilissement* tenderait à nous faire prier pour la rareté puisque nous au-rions le triste talent de faire de l'abondance une calamité. — Ah ! qu'il n'en soit pas ainsi !

Rappelons-nous ces fêtes du paganisme après de bonnes récoltes, ce culte à *Cérès*, etc., et persuadons-nous que l'abondance fait toujours la richesse, le bonheur des nations, — que la loi de la nature veut que les jours se suivent et ne se ressemblent pas.

Notre solution est la même, toujours et en tout, à savoir :

« MINISTÈRE DÉTACHÉ, administration, forte entière ;

« BANQUE spéciale, intérêt détaché ;

« OCTROIS, régies supprimés, remplacés ÉQUITABLEMENT. »

Avec cela nous arriverons rapidement à tout. — Et ces quelques mal voyants qui demandent le retour aux droits protecteurs seront éclairés, satisfaits.

Ajoutons encore ceci : « Vous parlez de rendre meilleur le sort matériel et moral du « peuple. Vous voulez répandre partout la lumière, les saines doctrines, la bonne répar-« tition des forces productives, etc., etc. — Cela est bien, cela est possible... Mais com-« ment concilier cela avec cette pensée, cette volonté ferme que l'on vous prête de laisser « en tête de la nation, cet instrument qui a nom de BANQUE DE FRANCE, duquel décou-« lent toutes les forces, toutes les influences, en lequel se concentrent tous moyens, tous « arbitres..., alors que nous vous avons démontré, prouvé que ce moteur général, cet or-« gane universel est dans les conditions les plus fâcheuses, les plus *repoussantes*... Il

« résume la force, la faiblesse, *le despotisme, l'égoïsme, l'épouvantable et le ridicule.*

« disons-le encore, le VADE-RETRO...

« Reportez-vous à Napoléon Iᵉʳ, à Mollien ! ! »

Ah ! pardonnez-nous de vous dire, ou plutôt remerciez-nous de vous le dire. — Si vous n'avez ni assez de convictions encore, ni assez d'empire pour résister, abattre (et nous vous en avons forgé l'arme). — si vous maintenez, — admettez au moins la CONTRE-PARTIE, — laissez l'agriculture vous éclairer, vous délivrer... Elle vous a élu.

Et après avoir composé, médité cette réponse au discours de l'Empereur, je me demande COMMENT et par qui LA lui faire PASSER.

Et encore une fois, je me réponds cela regarde ces bons députés, ces organes naturels de notre idole. — Allons donc encore à eux...

P. GOSSET.

## Suite aux conséquences du discours impérial. — Congrès.

Cette intervention du discours impérial dans l'exécution de mon plan — m'a obligé à étendre le cadre de ma composition que je voulais serrer en trois feuilles ; — j'y joins une quatrième : — cela m'oblige à un surcroît de dépenses, ce qui, pour moi, est un point capital ; mais aussi cela me permet de suivre le courant des observations, de donner quelques développements accessoires et assez intéressants. — Chaque jour en produit.

PAR EXEMPLE, ce grand mot L'ENQUÊTE.... qui vient de sortir d'une bouche auguste a fait une profonde sensation sur tous les esprits...

Ceux qui n'y pensaient pas, ceux qui n'en voulaient pas, y pensent, s'y rallient, en veulent. A présent il n'y a pas un écrivain, journaliste, économiste qui n'y ait songé depuis longtemps, qui ne l'ait désirée, appelée provoquée.

Mais tout cela, ils l'ont tenu dans l'ombre, ils l'ont laissé dans leur besace, le sac à oubli ; et à ce jour que l'oracle a parlé, ils ont compris, ils ont deviné, ils ont espéré, devancé.

Cela est bien... Mais aussi il y a *enquête et enquête* comme il y a fagot et fagot... Il y a moyen de s'y prendre, un savoir-faire, un but à atteindre plus ou moins déterminé, un résultat à souhaiter plus ou moins tracé.

Or, de tous ces bien pensants, de tous ces hardis promoteurs (intentionnellement), il n'y en a pas un qui aille au delà de ces banalité Je L'AVAIS APPELÉE : je *l'avais prévue* et je l'ai *indiquée plusieurs fois.*

Mais nous leur demandons la preuve, la date, l'article, le travail. — Et vous le verrez, ils ne produiront rien. — De même qu'ils ne précisent, ne prescrivent rien, toujours rien. Ils attendent un second arrêt de l'oracle. — Et toujours ainsi. — Eh bien, il y a là une prudence regrettable, une servilité fâcheuse, — absence de lumières, manque de contrôle, point d'initiative et, par contre tension, certitude à arriver aux ENQUÊTES NON SÉRIEUSES, illusoires, ridicules... COMÉDIE, *comédien*, TRISTESSE, HONTE ! !

En cette circonstance et encore je puis dire je suis MOI, je suis le SEUL...

Connaissaissant bien ce qu'est une enquête, comment on s'y prend pour aboutir à ZÉRO, — j'ai sauté par-dessus, je suis arrivé droit et d'un bond au moyen le seul *vrai*, à *résultats* : le CONGRÈS. — Ah ! voilà le grand mot. La seule boîte qui renferme le sérieux...

Je m'incline devant la volonté impériale et je me console de cette demi-étape, espérant que l'enquête conduira au CONGRÈS. — Le CONGRÈS, c'est la nation entière convoquée, entendue ; c'est l'agglomération d'hommes dévoués, connaisseurs, intéressés, — c'est le grand, très-grand, très-large.

L'ENQUÊTE, c'est le moyen rétréci, l'expédient, l'éclosion d'idées étroites, arriérées sans la contradiction possible ; — c'est la domination de l'administration, l'influence d'un président comme celui que malgré nous nous avons mis à jour :

Je tiens donc encore à distance ces écrivains grands consommateurs de papier, d'idées arriérées, plaçant partout en leur nom, et en nom de guerre, dévoués à toutes les causes et n'en traitant aucune sérieusement, utilement, hommes du lendemain... hommes de la peur...

Je leur demande encore ici, et ce sera en vain, d'avoir à se prononcer entre la différence d'un congrès, d'une enquête ; « entre la différence d'un ministère détachée d'un ministère « confondu, entre un crédit spécial, neuf, issu de l'agriculture, et un crédit traîné à la re- « morque de la vieille Banque, de tous les tripotages, les turpitudes qui obstruent le marché, « détournent les capitaux de la terre.

« J'ai précisé ma pensée, mes moyens, à l'égard de l'abaissement de l'octroi, de toute « régie, qu'ils ont, je le reconnais, critiqués, attaqués, mais sans précision, sans indica- « tion de successeur.

Ce qui se produit en ce moment en le gouvernement d'Italie n'est-il pas affligeant ? — En ce pays qui a tout à refaire, qui cherche à se régénérer solidement, sûrement, on cherche à combler des déficit de budget par le rétablissement de vieux impôts, charges, lourdes, inégales, repoussantes, — et notre presse française, celle qui se dit libérale, démocratique, ne dit rien ne conseille rien.

Mais au fond nous savons ce qu'est cette prétendue presse libérale dévouée au peuple. Elle est la plus illibérale, la plus aristocratique, la plus absorbante, la plus livrée aux coteries, camaraderies, esclave des influences financières, se prêtant, se louant, se vendant à toutes les puissances et passions etc... Elle a les libertés d'étouffer, de tuer toutes les idées (même celles de M. Darimon). Et cependant elle se trouve muselée, garrotée. Elle proteste... mais je me laisse entraîner, je le sens. Je m'arrête. J'admets les exceptions.

**Que ferait-t-elle donc de plus de libertés, si ce n'est d'être encore plus illibérale, plus à elle et pour elle ?**

CONGRÈS. — Voici quelle a été ma proposition de *Congrès* : je l'ai soumise en octobre 1864 à l'Empereur, à M. le ministre de l'agriculture, sans réponse.

« Le point de départ de mes attaques contre la Banque de France sort de la douleur que j'ai ressentie en la trouvant incapable à accorder le crédit, le capital à ma chère protégée, l'*Agriculture*...

« Notre agriculture est une des plus inférieures, infécondes, parce qu'elle est négligée, délaissée. — Nos agriculteurs sont encore ignorants, routiniers. Il y a des exceptions, mais en très-petits nombre. — Les préjugés, l'isolement paralysent, l'effet des bons exemples, de la science.

« Rien n'est absolument *vrai ni direct* dans ce que l'on veut faire ou semble faire en faveur du développement de la production et de la protection à la consommation. — Pour cette dernière, les libertés restent stériles, parce que le terrain a été mal préparé. — Elles produisent même les effets contraires, le *renchérissement*, l'*altération*. — Pour la pre- mière, elle reste stationnaire, insuffisante de plus en plus ; — l'agriculteur n'a pas le capital pour rendre à la terre ce qu'il en tire, la fécondité ; l'engrais est falsifié, parce qu'il y a en tout isolement, donc résulte pour les agriculteurs, qui sont les plus isolés, un dommage considérable, une recrudescence d'exploitation par l'usure. Nous devons lui opposer une digue. — Ce péril est imminent.

« Le programme des questions à traiter en cette assemblée est très-chargé. En tête nous plaçons le CAPITAL, le CRÉDIT.

« La nation ne saura être forte et prospère, le trône ne sera *inébranlable*, qu'alors que l'agriculture aura reçu toute la protection, la force qu'elle réclame. L'état des esprits est tout contraire à la terre : la spéculation, le jeu, se développent en l'affaiblissant. — Les crises l'énervent, la paralysent, c'est cependant elle seule qui peut les atténuer, les rendre insensibles.

« Une grande mesure qui va être prise, commande de s'occuper sans retard de l'organisation d'un *crédit* spécial, s'étendant à l'agriculture, c'est l'abrogation de la loi de 1807, limitant le taux des prêts. — Le métal va devenir marchandise, soumis à l'offre, la demande. Il pourra en résulter pour les agriculteurs qui sont les plus isolés, un dommage considérable, une recrudescence d'exploitation par l'usure. Nous devons lui opposer une digue. — Ce péril est imminent.

« Un grand homme d'Etat, le brillant orateur du gouvernement, a dit en son conseil général : « Que l'État avait des racines autant solides dans la nation que le chêne le mieux invétéré dans le sol, et qui lui était facile de faire des concessions. » Que l'État fasse donc toutes concessions favorables au LABOURAGE, AU PATURAGE, et les racines qui le tiennent soudé au sol seront plus inébranlables encore.

Quoi qu'il en soit de cette assurance, que nous acceptons, ne craignons pas de dire que : Si la Providence nous avait cette année, et avec cette crise financière, accablés d'une mauvaise récolte ; s'il nous avait fallu tirer de l'étranger quelques millions d'hectolitres de blé, les solder par quelques centaines de millions, nous nous demandons à quoi nous en serions réduits, et où nous aurait conduits notre système imprévoyant, étourdi, agioteur, etc., etc. Malgré nous nous tremblons, et nous nous demandons si le terrain si ferme qui tient tient les racines de la fortune publique n'eût pas été détrempé et si des fondrières ne seraient pas produites !

« ACCORDEZ donc, ô grands hommes d'État, profonds politiques, tout ce QU'IL FAUT à « l'agriculture, et autorisez notre congrès !! Vous n'aurez jamais été mieux inspirée. — « Et vous serez conséquents avec vous-mêmes... »

Les événements n'ont que trop confirmé cet exposé : n'ai-je pas été un oracle en prenant le devant de plaintes qui sont à ce jour unanimes.

Ils enlèvent au sujet le cœur, l'âme. Ils se croient pur sang. Ils ne font que eau teinte. *aqua tinta.*

## Deux mots sur les sociétés d'agriculture en général, sur celle impériale et centrale d'agriculture de France, à Paris, et incidemment sur la société d'économie politique, ayant pour organe le Journal des économistes.

Ce qui précède me porte naturellement à m'arrêter un peu sur les sociétés d'agricultures. Ces réunions d'hommes doivent être persuadée que l'on est porté à les considérer comme le foyer des lumières, les organes les plus directs, les plus compétents, les défenseurs, protecteurs des intérêts réels, matériels, en un mot, le *flambeau toujours éclairé de l'agriculture.*

Je ne connais pas assez les société d'agriculture des départements pour m'en occuper. — Je me bornerai à dire qu'elles sont nombreuses, et organisées par M. le ministre duquel elles relèvent. — Elles peuvent rendre des services, elles en rendent, je n'en doute pas. — Mais sont-elles à la hauteur de leur mandat, ont-elles ce qu'il faut avant tout : l'esprit d'initiative, l'indépendance ? J'en doute, je ne le crois pas.

La première, celle de la capitale, qui s'intitule SOCIÉTÉ IMPÉRIALE et CENTRALE D'AGRICULTURE de France, m'est plus connue, — j'y suis aussi connu ; — je me permettrai d'exprimer ici une opinion.

Elle se reflète presque entièrement en cette lettre que je reproduis ici, et que j'ai eu l'honneur de lui adresser récemment le 22 novembre 1865.

### A MM. les président et membres de la société impériale, centrale d'agriculture de France.

Monsieur le Président, Messieurs les membres,

Il y a un an, à pareille époque, j'avais l'honneur de présenter à votre honorable société le plan de la formation d'un congrès agricole réuni à Paris et placé sous votre haute protection.

C'était une grande et belle pensée. — C'était pour la société l'occasion d'une initiative remarquable qui jetterait sur elle un relief.

Cependant l'honorable assemblée est restée froide, impassible à ma communication ; elle et les pièces déposées à l'appui ont sans doute été ensevelies.

Cela ne m'a pas découragé, et c'est heureux, car une pensée juste se produit à un temps donné. — En effet, voici venir un congrès, mais ce n'est pas par la société impériale qu'il se présente.

Ce sont les simples agriculteurs, viticulteurs des contrées de la France, qui le provoquent et le forment : gloire à eux ! — J'avais donc une pensée juste, bonne. — Et vous l'avez arrêtée.

Mais voici que, depuis une année, cette pensée a travaillé et a produit autre chose de plus généreux, de plus utile encore, mais aussi de plus difficile.

Mes démarches auprès de l'administration, mon observation, constamment tendue sur le mouvement agricole, m'ont tellement démontré que l'agriculture est sans organe sérieux, sans représentation directe, sans hommes assez spéciaux, capables, sans pouvoirs assez étendus pour opérer les réformes réclamées, que j'ai conçu la pensée de demander le détachement du ministère de l'agriculture de celui des travaux publics et du commerce, pour en former un spécialement issu d'elle, le ministère de l'agriculture, des eaux et forêts.

D'autre part, et déjà, j'avais compris et je vous l'avais exposé, qu'il fallait à l'agriculture une banque spéciale ayant les mêmes droits que la Banque de France, et se dénommant Banque de l'Agriculture de France. J'en ai tracé les bases et la marche à suivre.

Enfin j'ai abordé la question des octrois, régie si contraires aux intérêts de la production de la consommation ; — je l'ai résolue à satisfaction en présentant une compensation sublime. — Ce sont les trois points les plus élevés que soulève l'intérêt du sol, celui de la nation.

Faut-il donc que je me présente encore à la société d'agriculture, la première de la nation, — celle de laquelle doit sortir toute étincelle — avec la crainte, la perspective d'être encore une fois écarté, étouffé, ne pouvant soulever en elle aucune velléité d'indépendance, d'initiative ?

4

Je le fa's à tous risques, et je viens, Messieurs, vous présenter mes travaux, mes combinaisons, vous en demandant sérieusement l'examen à bref délai, — et la solution sans biais ni détours. C'est ici le cas pour la société de s'ÉLEVER AU-DESSUS DE TOUT.

Vous avez ouvert une enquête sur les souffrances agricoles, et sans doute vous la suivrez ; — vous voudrez qu'elle soit *sérieuse* et non stérile : cela vous porte naturellement sur les trois points que je soulève ici.

Messieurs, ne vous laissez pas encore devancer, — c'est beaucoup d'une fois, — ce serait trop de deux.

Je réclame pour cet examen une exception aux usages et règlements afin que cette étude soit entreprise par tous les comités.

J'ai l'honneur, etc.

F. GOSSET.

22 novembre 1865.

On l'a vu, cette lettre représente le véritable caractère de la haute société, à savoir l'*inertie*, l'abstention par le silence, le *tombeau* des idées. — Je suis certain qu'aucune attention ne sera accordée à mes communications, — et alors, où aller pour être écouté, éclairé, conseillé ?

Je reconnais que les membres de cette société sont tous des hommes savants, élevés ; mais alors, pourquoi se forment-ils en société, si ce n'est pour ne faire que de la théorie, de la science, de la dissertation sur ce qui est connu, pratiqué, banal, et s'arrêter, se décliner pour ce qui est *pratique, sérieux, sévère* et *utile*.

N'est-ce pas là jouer à l'importance comme des enfants, ou agir comme des vieillards cherchant à dissimuler leur impuissance ? Eh bien, cette négation du service rendu, elle vient de la *dépendance*, de l'état d'esclavage dans lequel est plongée cette assemblée vis-à-vis de l'autorité. — Elle en est rétribuée ; elle agit comme une salariée. — Cela est, il faut bien le dire, une faute, presque un dommage pour le pays ; c'est une félonie, un crime.

Je sais bien que mes idées n'auraient pas trouvé une approbation unanime ; mais l'étude consciencieuse et non par coterie eût provoqué une discussion qui aurait été précieuse.

Il faudra bien nous en passer, à moins que la noble assemblée, émue par cette dénonciation, ne se ravise. Attendons (1).

Ce que nous disons ici, et bien à regret, de la société d'agriculture de Paris, nous avons à le dire de celle des hommes de l'école de la société d'*économie politique* : — même apparence, même superficie, semblable réserve, mêmes égoïsme et coterie.

Reconnaissons-le, nous n'avons pas la science nécessaire, la parole assez familière pour faire partie de ces sociétés. Mais aussi, nous n'avons pas la *nullité*, l'*abnégation* qu'elles réclament. Une agglomération d'hommes, quel que soit leur savoir, manque de dignité, n'a pas la force morale, alors qu'elle est privée de son indépendance.

---

(1) Une conversation que je viens d'avoir avec l'honorable président de la société d'agriculture me donne la certitude que je n'ai rien à en attendre ; — j'y suis considéré comme un utopiste étant dans l'utopie jusqu'au cou. — En un mot, ces savants, qui ne seraient rien, qui ne sauraient rien, si les savants, leurs devanciers, leurs maîtres, eussent été, eux aussi, traités d'utopistes, — repoussent comme utopie la constatation d'un principe, d'une doctrine. — Ils nient le mieux ! — Effet pur de coterie, de camaraderie.

Et les hommes, ainsi formés en noyau, font le mal, alors qu'ils ne peuvent produire le bien (1).

Je n'aime pas les personnalités. — Je suis cependant conduit, contraint, à publier la lettre suivante, parce que ceux auxquelles je l'adresse continuent à mon égard un système d'opposition qui ne me semble ni convenable ni loyal.

*A MM.* WOLOWSKI, *Léonce de* LAVERGNE, *en leur qualité de membres de la société impériale et centrale d'agriculture de France.*

Paris, le 1er décembre 1865.

M. Gosset a été informé *officieusement, officiellement,* qu'il rencontre à la société et dans la section d'économie statistique de législation agricole deux adversaires qui s'opposent systématiquement à tout examen des communications qu'il adresse à ladite société, et qui sont du domaine de ladite section.

Ces adversaires (je pourrais dire ennemis intéressés) sont MM. Wolowski et de Lavergne. — M. Gosset croit devoir les prévenir directement de cette confidence, qui ne l'a pas surpris. — Il a le caractère trop élevé pour s'en plaindre et pour demander que, en ce qui est de sa dernière et plus importante communication à ladite société, ces Messieurs s'abstiennent.

Il se borne à leur déclarer qu'il eût été loyal à eux de demander à entendre M. Gosset et à formuler devant lui leurs motifs d'opposition.

M. Gosset profite de cet incident pour déclarer à ses redoutables et si savants adversaires « qu'il est tout prêt a accepter d'eux l'occasion de discuter, là où ils voudront, et devant quiconque leur plaira, les principes économiques réformateurs qu'il présente, et à en comparer la valeur avec ceux préconisés par lesdits très-hauts, très-érudits, très-répandus, etc., etc.

Ces Messieurs ont gardé le silence et ont continué leur système d'étouffement. — Ils ne veulent pas; — et, sur trois membres de la section, étant deux, ils ont majorité.

Il convient d'ajouter que ce système d'étouffement convient parfaitement au tempérament de la haute société. Chacun de ses membres TREMBLE, PALIT, tout aussitôt que je leur parle, soit congrès, soit réforme quelconque. — On les croirait là pour ne parler que *pucerons, hannetons,* ou autres niaiseries ; c'est-à-dire, objets sans but ni portée.

En présence du silence continué par ces honorables, je me borne à dire ceci : « Depuis plusieurs mois, l'opinion exprimée si fortement par le professeur Wolowski, reçoit par les événements un démenti foudroyant. De son côté, l'économiste et fabricant de statistiques, L. de Lavergne, en est à sa troisième conversion... Finira-t-il par se fixer? »— Il me semble qu'il y a là de quoi faire rentrer sous terre les plus hardis.

Espérons que ces quelques hommes, qui ont su se faire une réputation, et qui veulent la maintenir par un système d'exclusions déloyales, vont avoir le dessous. Le public débonnaire finit par voir clair et comprendre.

(1) Disons, toutefois, que les membres de cette société d'économie politique ne tendent pas la main pour toucher *cinq* francs à chaque constatation de présence. Non, ce n'est pas cela qui les rend nuls, de nul effet. — Au contraire, ils dépensent. — Ils dînent d'abord, à 10 francs par tête, et au Grand-Hôtel. — C'est bien modeste, surtout en ce caravansérail au luxe éclatant, aux valets en habits noirs. — Et c'est après le moka et le petit verre d'eau-de-vie, qu'ils demandent au hasard un sujet sur lequel ils discutent, pérorent, argumentent, jusqu'à extinction des bougies ou du gaz, après quoi il ne reste plus RIEN. — Sinon un compte rendu bien brodé dans le *Journal des économistes.* — Oh! économistes !

## Union coopérative des viticulteurs.

Je rappelle que la motion de *congrès* a été prise par des propriétaires viticulteurs des principaux crus de France, car ce produit, le VIN, celui qui, par son importance fait la gloire nationale, vient après la céréale, souffre beaucoup et demande la liberté d'allures et de production à l'intérieur et protection pour l'extérieur. — Le pouvoir a refusé l'autorisation de former un congrès, soit en province, soit en la capitale (tristes, très-regrettables motifs de refus). — Refus qui n'a pas fait abandonner la pensée, et qui a porté à la réaliser à l'étranger. — Genève, — Suisse, — l'époque en est fixée, le programme arrêté; mais en présence de l'enquête agricole annoncée, les initiateurs se demandent si l'enquête ne s'étendra pas jusqu'aux produits de la vigne, — et si, ne pouvant obtenir une satisfaction suffisante, ils ne donneront pas au gouvernement une sévère leçon et à la nation le plus triste spectacle d'une réunion en pays étranger et libre des hommes les plus pacifiques, les plus attachés au repos, obligés d'émigrer pour s'entendre sur les mesures d'intérêt et d'ordre qui intéressent le plus l'État et le pays.

Assurément, ces honorables viticulteurs vont être taxés par les sociétés d'agriculture, les économistes politiques et d'autres, d'utopistes, ou d'ayant trop absorbé le jus du cru.

Mais que va-t-on dire, ou plutôt que ne va-t-on pas dire, alors qu'on saura que cette éclosion d'un *congrès* n'est pas le dernier mot de leur imagination ardente, et que le persécuté injustement trouve à railler le persécuteur malencontreux ? — Est-ce que les plus grandes idées, les choses les plus généreuses ne sont pas sorties des tyrannies, des persécutions.

Eh bien, ces nobles proscrits vont suppléer au congrès que l'autorité leur refuse, en réalisant mieux et en se passant de l'autorité. — Ils vont former une UNION COOPÉRATIVE, ou une association immense, qui les réunira tous, les liera, les dirigera, les éclairera, les protégera en dehors de tous autres. — Les bases de cette société viennent de m'être expliquées. — Je les trouve saines et bonnes, et je prédis un grand succès. — Cela va éclore. Et les adhérents auront bientôt atteint des proportions immenses, inconnues, peut-être cent mille et plus !

C'est une ère nouvelle qui s'ouvre pour les produits de la terre ; c'est un germe fécond qui va se développer et s'étendre, et ce, par la LIBERTÉ, L'ORGANISATION. — Ah ! soyons satisfait, car c'est sur cette base que nous avons établi, on l'a vu, ce que nous présentons.

Il est bien temps que notre production du sol sorte de ce cercle étroit, ridicule, de société, de la nature de celles que nous venons de mettre à découvert, sociétés où on ne rencontre que vanités, ambitions, mollesse, entretiens oiseux, résultats négatifs.

Ajoutons que les organes de publicité, ces quelques hommes attachés aux journaux, soit spéciaux, soit politiques, et qui suivent plus ou moins directement ces sociétés, se trouvent entravés, paralysés par ce *népotisme*, et ferment aux organes du progrès toutes voies de communiquer avec le public : *quelle triste et honteuse pression !*

Revenons à nos viticulteurs.

Voici donc du bon, du digne; applaudissons, et de toute notre âme. — Ce sera aussi pour nous un appui, un protectorat, et nous ne serons plus réduits à n'avoir pour perruques les perruques, le *vade retro*.

Les propriétaires encavés se comptent par deux millions !

### ENCORE LE MINISTÈRE DÉTACHÉ INDÉPENDANT.

Ce qui précède nous donne de la hardiesse et de l'aplomb. — Et puisqu'on nous traite d'*utopiste*, pour ce qui est simplement mesure administrative, nous voulons combattre sur toute la ligne.

Voyons donc à fond ce qu'est cette représentation de l'agriculture en ce ministère des travaux, du commerce, dans ce gouvernement.

Nous l'avons dit, nous l'affirmons plus encore : le *ministre* de l'agriculture n'en a que le nom, il ne peut pas être à l'agriculture, — il n'en a ni le savoir ni le temps. — Il en est donc le personnage MANNEQUIN, automate, et cependant, il est le responsable.

Le directeur, au contraire, n'a, ni le relief, ni la responsabilité, ni les honneurs directs, mais il est le personnage actif, dirigeant, dominant, c'est-à-dire qu'il opère d'une façon occulte, plus ou moins arbitraire, étant à l'abri envers et contre tous, pouvant faire, abandonner telle ou telle influence, et rester tranquille, INAMOVIBLE. Comprend-on cette position fausse, ridicule avant d'être préjudiciable? — Mettons plus à découvert.

Depuis 1848, date de notre entrée en la science de l'économie, nous avons vu à ce ministère et décoré de ce titre : MM. *Lefebvre-Duruflé*, passé au Sénat; *Dumas*, passé au Sénat; *Magne*, au Sénat; *Rouher*, le grand homme politique de l'époque, ministre d'État, et après eux M. *Béhic*.

A la direction, M. *Heurtier* a fait un court séjour; M. le directeur actuel, *Monny de Mornay*, est l'heureux titulaire depuis plus de quinze ans, et, sans notre intervention, pour lui brutale, intempestive, ce serait l'*immortel*.

Nous avons abordé ces Excellences agricoles, excepté celle actuelle, et toutes nous ont dit : Voyez M. le *directeur*, entendez-vous avec lui, c'est-à-dire, je n'y connais rien. De son côté, M. le directeur, qui ne voulait ni rien entendre ni rien changer, assimiler la marche à sa position personnelle, nous disait : M. le ministre ne m'a pas encore fait connaître, ou le ministre repousse. — Banalités, eau bénite de cour. — Étouffoir étrangleur. — C'est par trop commode!

De fait, M. le directeur a vu passer toutes ces Excellences.

Il est resté, lui, ses idées et les siens. — Il passerait encore bien des Excellences pour une cause ou pour une autre que M. le directeur resterait ferme comme un bloc, et les idées qui ne conviennent pas à cet heureux à poste fixe seraient repoussées. — Et les étourderies, maladresses, bévues, injustices, maléfices, qu'il pourrait commettre, causer, ne lui seraient en aucun cas imputées.

Voilà qui est exact, qui est beau pour l'individu; mais voilà qui est bien étrange, bien contraire au bon sens, à l'intérêt de l'avancement et du bien-être général!

Je continue. — Soit par cause de santé, de lassitude ou toute autre, le ministre actuel peut quitter d'un instant à l'autre : cela a déjà été lancé dans le public. — M. Béhic a eu quelques bonnes pensées pour l'agriculture; elles partiront avec lui sans qu'il en reste rien. La direction aura tout balayé. — Le successeur (sera-ce M. le baron Haussmann, comme on en a fait circuler le bruit), n'apportera ni connaissances, ni idées; il lui en faudra, Il ira les puiser, où? à la direction, c'est-à-dire à la même source, au STATU QUO, au CADUC, au rococo. — *Périsse tout* plutôt que l'*introduction du vrai, du neuf*.

Eh bien, c'est là la protection que l'on accorde à la première productrice du pays, à celle qui a sous elle toutes les autres, à celle qui a fondé l'Empire.

Continuons encore. — M. ROUHER a eu la gloire d'introduire le libre échange en France; aidé de M. Michel Chevalier, il a été l'allié de l'Angleterre, le dominé par *Cobden*.

En cette circonstance, M. le ministre de l'agriculture d'abord, et du commerce ensuite, a-t-il été impartial? a-t-il tenu au même degré, d'une main également ferme, les deux intérêts? Tout le monde répond NON. On n'a vu que le commerce. — On a relégué l'*agriculture*. Elle a été la bête de somme. On lui a fait les insultes de tous les dédains. — Les industries ont eu, pour se mettre à même de soutenir la concurrence, un *prêt* par l'État. — Elle, elle n'a rien eu. On a laissé tomber les cent millions affectés au drainage. — On a laissé le *crédit agricole* s'éloigner d'elle. — On a modifié la législation générale pour le commerce, on a rayé des lois restrictives. — Et pour le sol, l'agriculture, on n'a pas bougé. — Un recéleur trouve au Mont-de-Piété une somme sur l'objet suspect qu'il y présente. Le producteur du *blé*, du PAIN, ne trouve pas un centime sur un sac de blé, s'il veut ne pas le conduire au marché public. — Et on dit que l'agriculture est protégée ! COMÉDIE, TRISTE COMÉDIE !...

Et, à cette date, nous voyons le gouvernement retirer des projets de lois ce fameux plan des *travaux* publics et de lois agricoles, qui a fait tant de bruit, et qui était basé sur l'aliénation des forêts. — Et pourquoi ce retrait? parce qu'il y avait fausse conception. — Mais alors, pourquoi retirer ce qui était afférent à l'agriculture et d'un chiffre insignifiant relativement à celui attribué aux travaux ?

Le pourquoi est toujours le même. C'est que l'agriculture n'est pas protégée, considérée. On se joue d'elle, on la met à la queue, on la sacrifie ; mais c'est un triste jeu. *Prenez-y garde!*

Ne devons-nous pas dire encore que dans ces combinaisons de tarifs, de chemins de fer, de ces grosses compagnies qui relèvent de la même autorité, l'agriculture est encore sacrifiée ?

On appelle la houille le pain quotidien de l'industrie, et elle se transporte à 3 et 4 centimes par tonne et par kilomètre, parce que les compagnies ont des intérêts directs avec les extracteurs.—Et le blé, qui est le pain du peuple, paye 7 à 8 centimes : *celui étranger est favorisé.* — Et les matières à engrais, lourdes, qui feraient la VIANDE qui manque, ne peuvent être transportées, à cause des tarifs élevés, et les canaux, les rivières, sont sacrifiés à ces puissants chemins ferrés; et les communications intérieures, rurales, vicinales, sont en triste état ; et la grosse finance absorbe, rançonne; et M. le ministre de l'agriculture endure, autorise, etc.

Quant à M. le secrétaire général, il n'est rien à l'agriculture, et de ce fait il est contre. Il est tout à ces gros intérêts. — Aussi, il ne sait rien dire de sérieux devant la Chambre. — Et que font tous ces points à M. le *directeur?* rien, pourvu qu'on le laisse tranquille, faire de la villégiature, se promener même les jours d'audience.

Et où se trouve reléguée la direction? comment est-elle administrée? Ah ! c'est encore là quelque chose de bien pitoyable. — Tout cela est repoussant. — Finissons-en.

Et que vont répondre à ces vérités les puissants, ces orgueilleux qui, sans nous entendre, sans nous lire, croient nous écraser par ces mots : UTOPIES, UTOPISTES, THÉORIES IMPRATICABLES?

Heureusement, nous avons de trop profondes convictions pour nous payer de ces arguments; et, quoique le *pot de terre*, nous ferons reculer le *pot de fer*, car nous avons pour nous le *vox populi*.

Et on trouve que nous employons le vinaigre, que nous sommes maladroit, que, pour réussir, il faut répandre le miel. — Ah ! nous savons aussi que pour réussir il est une autre matière plus puissante que le miel. — Et celle-là, nous ne l'avons pas. — L'eussions-nous, nous n'en ferions pas cet emploi. — A l'égard du miel, du vinaigre, on se trompe. Nous présentons le miel le plus pur, le plus naturel; nous le puisons à la source des abus, à la fleur de la vérité. — Comme l'abeille butine le sien au sein des belles fleurs, des parfums de la nature pour le conduire à la ruche.....

Et au fond de tout ce'a qu'y a-t-il? *De quo agitur in senatu...* Il s'agit, tout bonnement, d'ouvrir à M. le directeur les portes du conseil d'*Etat*, peut-être l'entrée au SÉNAT!! — Nous ne nous opposons pas à ce qu'il ait aussi sa *fiche de consolation*.

## Conjectures, rumeurs circulant sur l'enquête concernant la Banque de France.

L'enquête que la Banque de France a demandée sur elle-même, celle que l'Empereur a ordonnée, n'a pas été demandée ni accordée à titre de SÉRIEUSE, remarquons-le, reconnaissons-le. — Aussi, nous n'aurons pas une *enquête sérieuse*, soyez-en certains. — Et la faute n'en sera pas aux *enquêteurs* qui n'auront pas été sérieux, par cette simple raison qu'ils n'auront pas eu mission de l'être. — Ils ont fait appeler devant eux, ils ont entendu *ad libitum!* — Qui pourrait le leur reprocher.

Nous l'avons exposé : le roi de la finance, baron de *Rothschild*, qui fait à la Banque la bascule, hausse, baisse, beau temps, tempêtes, etc., etc. Après lui, ceux qui l'y aident, ces gros exportateurs du métal, ont été entendus afin qu'ils aient à déclarer *s'ils n'ont pas mieux et plus encore à demander, à désirer*.

Tandis qu'aucuns de ces si nombreux moyens, petits commerçants, industriels qui souffrent, gémissent, sont arrêtés par ces secousses, ces brusques hausses, n'ont été appelés, ni entendus. — Mais en effet, à quoi bon se préoccuper de ces si petits, de ces malheureux.

Messieurs les membres de la Chambre du commerce de Paris qui les représentent, qui connaissent leurs besoins, n'ont-ils pas déclaré devant l'enquête« qu'à la Banque tout était « au mieux, pour le mieux, qu'il n'y avait qu'à continuer sur le même pied. » — Alors tout est dit pour les *représentés* par ces Messieurs.

En effet, ils sont nommés par le commerce, les industries. Et tant pis pour eux si le choix est mauvais. — Nous n'avons ni le temps, ni la place pour énumérer ici ce que sont réellement ces membres de chambre à Paris, et pourquoi ils sont *tant et si forts satisfaits*, et demandent le maintien du *statu quo*.

Nous dirons simplement qu'en général ce sont des banquiers, des financiers dépendant plus ou moins directement de la Banque, de son ordre d'idées, etc., etc. De plus, ils sont intéressés dans ces institutions financières de nouvelle création, opérant au jour le jour par tripotage, pêchant à la prime. Ils sont aussi par-ci, par-là, administrateurs, membres de syndicats. Ils sont au Comptoir d'escompte, qui s'est fait Mexicain, qui se fera Russe, Chinois. Ils sont au conseil municipal. — Dès lors, le mandat de représentants des commerçants, des industriels, n'est plus que le cadet de leur souci, un moyen de s'élever, se pousser partout.

Mais, encore une fois, ils sont à la Chambre par un vote libre, — *l'élection*. — Ce n'est pas, il est vrai, et malheureusement pas par le suffrage universel, mais par une aristocratie, espèce de camaraderie qui fait les majorités. — Aide-moi, je t'aiderai, — toujours les mêmes. — Pourquoi alors le pays souffre-t-il cela à notre époque.

Et l'enquête, après avoir suivi son petit bonhomme de chemin, et avoir entendu force amis, quelques adversaires aimables, courtois, faiseurs d'embarras, *pas du tout adversaires sérieux, consciencieux*, se serait arrêtée à ces conclusions anodines :

« Que la Banque serait invitée à permettre que le gouvernement, par une mesure quel-« conque, la mette en possession de *cent millions* qu'elle lui a prêtés. (Loi de 1857.) »— Plus elle réaliserait quelques valeurs sur ses réserves, et au moyen de ces deux opérations, elle se formerait une caisse grossie de près de 130 à 140 millions, ce qui lui permettrait de recourir moins fréquemment aux hausses, aux époques de crise...

Telles seraient les hauts faits de l'enquête...

Voilà ce que disent les confidents, les bien informés. Et cela n'est pas de nature à faire baisser les actions banque, mais c'est bien de nature à soulever quelques rumeurs.

En effet, comment admettre une amélioration, pour le service public, dans ces moyens ou expédients ? — Les esprits sérieux et inquiets resteront inquiets.

L'EMPEREUR a dit dans son discours récent : « POURQUOI REPRENDRE LE LENDEMAIN CE QUE L'ON A REJETÉ LA VEILLE. »

Eh bien, cette mesure aurait le résultat que repousse Sa Majesté. — On reviendrait sur la loi de 1857, — et à un degré insuffisant, négatif ; car ce qu'il faut, c'est sa révocation absolue, laquelle conduit infailliblement à la liquidation, à la reconstitution. Il n'y aurait dans ce retour au passé ni forces nouvelles, ni moralié. — Il y aurait affaiblissement, affaissement, par surcroît de charges. Et il faudrait chercher encore dans les expédients la compensation.

La Banque aurait encore ce *gros boulet qu'elle traîne*, ses charges sur *sept cents millions* très-alourdissants. — Elle serait contrainte à emprunter ou à émettre de nouvelles actions, etc. Nous ne voulons pas raisonner à fond. — Ce changement ne peut avoir d'effet que par une *loi*. Espérons que les députés trompés, abusés en 1857, ne s'y laisseront plus prendre. — Peut-être que cette discussion nous conduira à ce triste spectacle de voir M. le président du conseil d'Etat contredire chaleureusement, avec témérité, le système que l'honorable conseiller d'État *Vuitry* a déployé si longuement et fait triompher avec *bonheur et malheur*, lors de cette discussion de la loi 1857, *contraria contrariis*. — Cela n'est pas nouveau. — *Palinodie*. — Cela n'a jamais été ni heureux ni durable.

Toutefois, cette discussion aura pour notre cause cet heureux résultat qu'elle introduira naturellement notre requête dans la discussion. — Nous dirons aux députés, aux protecteurs de l'agriculture : « Accordez tout à la Banque et pour la Banque. »

Mais, par une compensation légitime, demandez, obtenez la CONTRE-PARTIE que réclame l'agriculture. — Rien ne peut se faire pour qu'on vous le refuse, et ALORS VOUS AUREZ TOUT SAUVÉ.

# CONCLUSION.

Le Sénat répond à l'Empereur : « L'AGRICULTURE est le PREMIER *art de la paix ; — moi*, je réponds : *L'agriculture se meurt...* — Or, la patrie est en danger, puisque son agriculture est en souffrance, ne la laissons pas périr. Sauvons la patrie en guérissant son agriculture.

« Le seul remède, c'est la TRANSFORMATION sérieuse, complète de son régime, de son hygiène.

« Sachons-le bien et ne le perdons pas de vue, l'agriculture souffre par les *céréales*, le *pain*, — par la viande, — par les vins, la vigne, par les alcools, les sucres, betteraves, par les droits fiscaux, par les octrois. Tout en elle est usé, épuisé. — Tout est à renouveler, à constituer. — Régime administratif, régime financier, régime de principe, impôts, droits de succession, mutation..., éducation... Tout est à refondre, FRAYONS UNE VOIE NOUVELLE !

« Nous avons tous les éléments pour cela. Ne gâtons rien, n'introduisons ni ronces ni épines. — Pas de vieilles racines, roches, fêlures, que l'on demanderait à conserver.

« Accordons toutes libéralités, provoquons l'action, l'initiative. Décentralisons... N'ayons une tête que comme drapeau, ce point de ralliement.

N'admettons pas grâce pour les vers rongeurs, pour les vautours, les loups-cerviers qui demanderont à être épargnés, ménagés, promettant de s'humaniser.

« Mettons de côté les ganaches, les béquilles, les lèpres. Assurons la santé par la beauté, la longévité, par la raison, la force, par l'union, la collectivité. En un mot :

### ORGANISONS LIBÉRALEMENT !

« Tous ces éléments existent autour de nous, ils bourdonnent, ils foisonnent. Ne les repoussez pas, car ils se feraient jour malgré vous. — Vous ne pourriez que retarder, — arrêter, pas.

« Soyons bien convaincus de cela et ne l'oublions pas, « l'agriculture « est un art. — Elle doit être une industrie *mère de toutes*. — L'agri-

« culteur peut et doit emprunter, négocier. — Toutes causes de préju-
« dices, d'*avilissements*, qui ont pu se produire jusqu'à ce jour, doivent
« désormais disparaître, devant l'action de ces mots : PRÉVOIR, PRÉ-
« VENIR !! »

En terminant ce travail tant important, éminemment *exceptionnel*, que
j'ai rendu court, sans lui retirer sa précision, je l'espère, je répète ce
que j'ai dit au commencement.

« Cela doit partir de l'ASSEMBLÉE LÉGISLATIVE, — de ce sanctuaire ;
seulement le mouvement sera entendu, compris, acclamé.

N'attendons pas l'enquête, SÉRIEUSE ou *non ;* demandons de suite le
CONGRÈS. Ne subissons pas la pression des préfets, instruments absor-
bants, machine à politique, à embrouiller, à user.

« A vous donc, Messieurs les *Députés*, l'accomplissement de ce grand
« devoir. Sachez être fermes, ÉLEVEZ-VOUS, tenez-vous A HAUTEUR !

« Ce que nous venons de vous exposer n'est ni UTOPIE ni THÉORIE
IMPRATICABLE : c'est le baume préservatif, c'est le vrai, l'exact, le sensé,
l'équitable, c'est le *vox populi vox Dei.*

« Ce que l'on vous présentera contre, c'est l'aveuglement, le prolongement du faux, de l'injuste, le triomphe des errements, des vices, le
prolongement impossible de la *caducité ;* c'est, je le dis encore, le *vade
retro.* — Quant à moi, ma tâche est remplie...

**Et maintenant je puis mourir !!**

# FRAGMENTS.

## Napoléon Iᵉʳ, Mollien.

Tandis que le présent souffle des vents impétueux soulève des tourbillons de poussière pour nous arrêter, nous aveugler...

Tandis que le présent lance contre nous des ignares pour nous intimider, des sangliers pour nous éventrer...

Alors que nous voyons tant de courtisans prendre le rôle de l'*ours au pavé*, prêts à le lancer contre nous, assez aveugles qu'ils sont pour nous prendre pour une mouche au dard pestilentiel; alors que nous cherchons à produire le *baume* qui guérira la blessure, à faire respirer le parfum qui fera sortir de la léthargie...

Nous voyons le passé se dérouler sous nos yeux par l'histoire dont le burin grave fidèlement le *beau*, le *laid*, et que le hasard, ce grand maître, se charge de mettre en relief toujours et à propos.

Et cette fois c'est l'organe intime du gouvernement qui nous procure ce précieux document du passé et le recommande au présent... en nous donnant un commentaire des Mémoires de Mollien, cet homme honnête par excellence, cet économiste financier, distingué parmi tous...

Le *Moniteur universel* (9 courant), nous fournit l'occasion de présenter une comparaison importante. — Voici de son article un extrait très-bref, mais qui suffit à notre cause...

« Il comprenait (Napoléon), l'effet terrible, alarmant, que produisait, sur les affaires l'ascendant qu'avait pris le monde financier. Et il voulait comprimer cette puissance de quelques-uns par l'élévation d'une puissance relevant de tous, s'étendant à tous... Il était très-animé contre les agioteurs. Il avait en haine l'esprit des spéculateurs. — Il voulait relever le crédit public perdu par leurs excès. — Les *faiseurs de services*, il les détestait. — Le chef du gouvernement voulait tout relever. — Le crédit industriel ne pouvait manquer d'attirer son attention.

« Au moment où il tournait de ce côté sa dévorante activité, il n'y avait, pour ainsi dire, en fait d'affaires, que des entreprises *véreuses*, des spéculations audacieuses, que des entreprises imaginaires. — L'escompte était à des prix exorbitants, le commerce de l'argent en des mains les plus tristes...

« Le premier Consul sait que l'honnêteté seule peut ramener la confiance, relever le crédit; que l'action politique doit suppléer à l'action individuelle qui abdique, et que là encore c'est le gouvernement qui a la force de faire le bien..

« Il a hâte de créer un établissement de crédit modèle, autour duquel puissent venir se rallier, pour ainsi dire, tous les instincts honnêtes, tous les hommes de bonne volonté. — Cet établissement, il le nomme *la Banque de France*...

« Dans la précipitation qu'il mit à cette création, entouré qu'il était de gens plus habiles dans la pratique des affaires que versés dans la science économique, il devait se tromper sur quelques points. — Mais l'effet qu'il attendait fut produit.

« Il était fier de son œuvre. Son amour pratique trouvait une légitime satisfaction dans cette création, qui donnait une concurrence aux banques de Londres, d'Amsterdam. — Il en parla à Mollien, dont le silence à ce sujet l'étonnait. — L'honnête financier ne lui dissimula pas que l'œuvre lui paraissait IMPARFAITE. — On avait commis des fautes au point de vue politique, aussi bien qu'au point de vue pratique. »

N'est-il pas vrai qu'il y a, dans notre situation actuelle, l'analogie la plus grande avec l'époque relatée, celle que Napoléon Iᵉʳ choisit pour créer, constituer ce grand établissement, la *Banque de France*, laquelle lui donna tant de soucis, qu'il disait à ses directeurs :

« Ce n'étaient pas les Russes qui m'inquiétaient à Austerlitz... c'était vous!! »

L'Empereur voyait la nation s'affaisser sous la pression des financiers agioteurs... Il avait vu son armée livrée aux privations les plus dures par la cupidité des fournisseurs. Il sentait son trône miné par cette attaque incessante et sourde du capital... de ses orgies...

C'était aussi à cette époque les opérations hasardeuses, exagérées, aussi celles à l'étranger, qui troublaient l'équilibre....

Il fut assez heureux pour trouver un *honnête homme*, un esprit élevé; et il eut le mérite de l'accueillir, l'écouter, en écartant les vieux instruments, les hommes usés, les ambitieux insatiables. Il eut, en un mot, le mérite, le courage, l'énergie de briser le passé, — de faire du neuf avec un homme *neuf*. — Dès lors la patrie fut sauvée, le trône fut consolidé. — Mais Napoléon n'avait point à s'occuper alors, et au premier chef, de ce qui est à ce jour le point culminant, L'AGRICULTURE !!

L'agriculture existait, puisqu'elle est la plus ancienne des conditions; mais elle existait à un degré incomparable à celui qu'elle occupe déjà, à celui qu'elle occupera bientôt.

Constatons donc que nous sommes entourés des mêmes *embuches*, saisis par les mêmes lèpres, sucés, épuisés par les mêmes vautours, et qu'il nous faut dégager notre corps de ces impuretés, de ces serres.

Nos grands établissements financiers sont tous *verreux*, en ce sens qu'ils sont tous en *dehors de leurs attributions*, ouverts, livrés à l'étranger, fermés, interdits au pays. Ils ne sont plus que des foyers à intrigues, causant les sauts, soubresauts, enrichissant aujourd'hui, ruinant demain.

La Banque elle-même, que Mollien a déclaré imparfaite, périssable, est usée, à bout de sagesse, de raison; c'est en vain que tant d'impudents et de téméraires, pourvus de tout, boursouflés, et jamais satisfaits, se groupent pour la défendre et soutenir. — Elle *croulera*... car elle n'est plus ni avec le VRAI, ni avec L'HONNÊTE.

Jamais le mot *financier* n'a été si bas, traîné dans l'ordure comme il l'est à présent.

Que de sommes perdues dans ces entreprises lointaines lancées en vue de saisir une prime !! Que de sommes vont s'engloutir au premier événement majeur et à notre porte ! ! Que de larmes ! que d'imprécations !..

Arrêtons-nous au mot... Nous SOMMES EMPOISONNÉS. — Appelons vite l'antidote (1).

Eh bien! c'est un nouveau MOLLIEN, c'est un HOMME HONNÊTE qu'il nous faut. — Il nous apportera du NEUF, et il constituera du NEUF au milieu de ces ruines, de ces impuretés...

Mais qu'il se présente, ce MOLLIEN, avec son *honnêteté*, avec du *neuf*, par qui sera-t-il accueilli? — TELLE EST LA QUESTION.

Certes, le chef de l'État a de grands sentiments, un tact élevé, et surtout beaucoup de bonnes volontés. — Mais, osons le dire, Napoléon III est loin de Napoléon Ier par l'expérience, par les circonstances; il a reconnu lui-même dans une lettre à son cousin.

Napoléon III n'a pas vu ses armées dénudées, épuisées par les fournisseurs regorgeant d'or. Il n'a pas vu encore le peuple affamé, épuisé...

Il est entouré de faux amis, tous bourrés, boursouflés de richesses par ces mêmes opérations. — Il ne connaît pas, il ne voit pas de lui-même ou d'assez près...

Enfin ce Mollien, cet homme honnête, neuf, sera renvoyé à Messieurs tels ou tels, que M. le Ministre de l'agriculture a délégués ou déléguera pour relever le crédit agricole, peut-être aussi, un peu plus tard, à cette enquête sérieuse dont on va s'occuper...

Eh bien, si la *sérieuse* enquête sort de cette souche, il ne faut pas être prophète pour prédire ce qu'elle sera, de quelle force elle ranimera la mourante, *l'agriculture*...

« Le péril est connu ; il est signalé de haut. Point n'est plus possible de l'amoindrir, d'en retarder le traitement. — C'est ici le cas de dire : AUX GRANDS MAUX, LES GRANDS REMÈDES ! ! !

» Pour nous, nous ne devons rien négliger. Nous sommes le chevalier SANS PEUR ET SANS REPROCHE ! Nous disons, — dussions-nous encore être seul : — « L'admi-

(1) Ce tableau lugubre se trouve confirmé, corroboré par les quelques discours prononcés au Sénat récemment, quoique avec beaucoup de ménagements, avec beaucoup trop de réserves, ce à quoi nous ne sommes nullement tenu heureusement, car nous ne saurions pas nous y prêter.

nistration a eu le tort de se décider trop tard à parler. — Elle a fermé les yeux trop longtemps. — Elle a trop arrêté la vérité... Les deux dernières circulaires de M. le Ministre en sont une triste preuve. — Il faut, à présent, de la vigueur, et l'administration ne sait pas ce que c'est. — « Il faut du NEUF, et l'administration ne sait que remanier, déplacer, REPLATRER : cela est usé. »

## La solidarité entre les marchés financiers constitue un point essentiellement agricole, de même que le chèque.

Nous sommes encore ici sur notre domaine, et très-essentiellement, — cela paraîtra étrange. — Ah! c'est que l'ignorance est extrême! les ignares sont très-nombreux.

La solidarité entre les quelques marchés des capitaux de l'Europe, entre quelques banques, est un fait exact, sérieux. — Mais comme on se rend mal compte de sa proportion! combien on en abuse!

Cette solidarité, que nous admettons, mais que nous voulons déterminer, réduire à sa plus simple proportion, nous disons que, par l'effet de l'*unité*, de la communauté des idées, la fusion des intérêts, par le fait des *échanges* faits, elle devient plus effective, plus précieuse. — Et c'est aussi par ces raisons qu'elle devient simple, facile, humanitaire, un agent de civilisation.

Oui! c'est le caractère qu'elle a, c'est le caractère opposé qu'on lui a donné jusqu'à ce jour. Partant de ce faux principe que « parce que l'un haussait, l'autre, les autres devaient hausser, » pour ainsi se suivre, continuer successivement, chaque banque s'est faite le *mouton de panurge.* — Ce devait être à qui commencerait et à qui ne s'arrêterait pas. — De ce point de mire, bien triste point, sont sortis ces écarts, ces excès sans rime ni raison...

L'une commençant, il suffisait que l'une s'arrêtât pour comprimer le mouvement, et celle-ci paralysant si heureusement, *souverainement*, ce devait être la plus forte, la plus solidement constituée? — Or, celle-ci, c'est la BANQUE DE FRANCE. — En effet, la Banque de France a les forces les plus vives... Elle est soutenue par le capital du pays qui en est le mieux pourvu... Elle est protégée par l'esprit du commerce qui est le plus prudent. Eh bien! cette Banque n'a pas compris ce rôle, le plus brillant, celui de *pondératrice, d'arrêt*. Elle a marché à la remorque, elle a suivi, sauté, sauté encore. — Elle a écrasé les intérêts nationaux. — Et c'est de ces excès, de ces écarts, que l'agriculture a été le plus frappée, paralysée... Car c'est elle qui vient la dernière, alors que l'on va à elle, et c'est elle alors qui paye le plus cher.

## Ceci est très-précieux a constater. La Banque, qui n'est pas faite pour l'agriculture, qui n'a rien fait pour elle, lui a cependant porté le coup le plus terrible!!

C'est une leçon qui lui coûte trop cher pour qu'elle n'en profite pas....

« Par sa banque spéciale, l'agriculture se prémunira contre ce contre-coup si terrible; bien plus, elle fera que les effets de cette solidarité, si elle était encore mal observée, si elle continuait à être un prétexte de hausse, seront combattus, arrêtés. Car son organisation, son capital étant un organe d'intérieur, tout spécial, il bridera, il matera l'autre, les autres, par son tempérament fixe, invariable, recommandable. »

Voilà, comme en tous points, la banque de l'agriculture sera l'instrument modérateur, émancipateur, disons SAUVEUR.

En ce moment la Banque de France prouve ce qu'ici nous exposons bien brièvement.

Après avoir suivi, sans rimes ni raisons, la Banque d'Angleterre, en ces derniers temps, en élevant jusqu'à 5 0/0 de 3 qu'elle était, et quoique pourvue d'une encaisse de 400 millions, elle s'est arrêtée à 5, maintenue par l'effet moral de l'opinion publique. — Elle a laissé monter ses voisins jusqu'à 8. — Et cet écart de 3 0/0, jusqu'à ce jour considéré comme périlleux, non soutenable, n'a rien produit de ce que l'on avait redouté jusqu'ici.

Exemple, mais *tardif exemple*. — De ceci nous concluons, en finissant, que toutes les fois que la Banque a dérogé à son point minime 3 0/0, elle a commis des EXACTIONS, — Qu'il nous soit permis de le dire, elle a VOLÉ les nationaux, et particulièrement les agriculteurs (1).

La banque de l'agriculture ne s'élèvera jamais au delà de 3 0/0, et la solidarité qu'elle engendrera sera la MORALITÉ. — Et déjà nous pouvons le dire : « Nous AVONS CONQUIS CETTE PRÉCIEUSE BANQUE !! »

« LE CHÈQUE. — Le chèque n'est pas encore entré dans nos habitudes... Est-il dans nos mœurs? Je ne le crois pas. »

S'il parvient à s'y introduire, ce ne sera qu'à un degré très-restreint et dans les régions des hautes transactions. — Pour ce qui est de l'agriculture, il n'y a pas à y compter. — Pour elle, le véritable chèque ce sera le billet de banque, ainsi que nous en allons établir la circulation. — Il faut, en cette région, le positif, l'effectif.

Le chèque n'aura jamais ce caractère. Il aura toujours un aléatoire.

Le billet de 100 fr., avec intérêt à 1 centime par jour, n'a pas été admis. — Rien ne remplacera le billet de banque, bien constitué, fractionné démocratiquement.

L'Angleterre a constamment en circulation pour près de *vingt milliards* de cette valeur à découvert, sans provisions. C'est pourquoi elle fait beaucoup avec un petit capital, avec une faible émission de sa banque. Cela fait sa force, mais aussi cela engendre sa faiblesse, ses défaillances si fréquentes. De ces *exhibitions* résultent excès de confiance, excès de défiance. De là ces crises si fréquentes dont nous ressentons les contre-coups, qui sont pour nous si terribles. Laissons à l'Angleterre cette puissance si fausse, renfermons-nous dans la loi française, qui prescrit la provision, et qui par là limite énormément l'émission du chèque.

Nos quelques établissements financiers qui s'annoncent comme faisant le chèque, ne le pratiquent pas. — C'est pour eux le moyen de recruter quelques capitaux qu'ils portent à la Bourse pour agioter, pour soutenir leurs actions. — Ils disent que par ce moyen ils n'ont pas besoin de recourir à la réalisation de leur capital social. Cela est un danger, un mensonge. Ne réalisant pas

---

(1) La situation actuelle confirme, affirme cette accusation grave, j'en conviens. — En effet, la Banque maintient son escompte à 5 0/0, c'est-à-dire 2 0/0 en sus du taux normal. — Et voici sa situation.

En caisse, 421 millions; portefeuille, 704 millions. — En dehors de ces deux chapitres, les capitaux, elle a son fond social, ses rentes sur l'Etat, ses réserves, allant à plus de 200 millions. Elle a les comptes courants, le compte du Trésor. Le tout représentant des valeurs s'élevant à 15 ou 1,600 millions, la circulation est à 916 millions. Excédant, 6 à 700 millions! Résumé, abondance : *pléthore.* — Ajoutons que, à Amsterdam, à Vienne et ailleurs, le capital (or, argent) est *abondant* (le change est tombé à presque rien), mais l'Angleterre est à 8 0/0.

Et l'Angleterre éprouve en ce moment encore des convulsions. Les faillites y sont fortes, nombreuses, etc. — Le prétexte de l'exaction est toujours le même, l'ANGLETERRE !! Ah ! que la haine de M. le marquis de Boissy contre cette nation se justifie (de ce chef). Par ce fait de sa vieille, très-mauvaise, organisation financière, par les excentricités de ses nationaux, ce pays est en effervescence constante. — La faillite y règne à l'état normal, — c'est une épidémie très-contagieuse. Et on prétend doctoralement que la France est solidaire ! Ah ! quelle folie, ou plutôt quelle effronterie !

Eh bien, que la Banque de France, qui *regorge* de ressources (et c'est une calamité), abaisse à 3 0/0, elle obligera de ce fait l'anglaise à abaisser à 5, peut-être à 3 0/0. — J'affirme cela. — Que l'on ESSAYE donc !

C'est à cause de ces infirmités, de ces lèpres attachées au corps social de l'Angleterre, que nos *fameux*, les économistes, vont puiser en ce pays et leurs leçons et leurs exemples.

En voici un, jeune, qui, parce qu'il est le petit-fils de J.-B. Say, se croit la science infuse de l'économie.

Voici donc M. Léon Say qui nous exhibe son insulaire *Goschen*, qu'il vient de traduire. — Et cet ours, c'est la merveille des combinaisons !

M. Say a une fortune de grand seigneur. Il peut faire de la fantaisie, courir après une réputation. Il est administrateur de la Compagnie du chemin de fer du Nord. — Or, la discussion soulevée par l'honorable député du Nord, M. Brame, à la session dernière, à l'occasion des *tarifs exceptionnels*, nous a appris qu'il avait été passé par cette Compagnie des tarifs à prix exceptionnels *très-réduits*, avec des *étrangers*, au gros dommage de nos industriels indigènes. Il se trouve que ces tarifs sont signés *Léon Say*, administrateur. Quel patriote économiste !

M. Say est le président d'une association populaire. Il veut former le *Crédit populaire*. — C'est fort bien. A cette occasion, nous dirons à ce jeune maître ce que nous avons dit à l'Empereur : « Pour moraliser les couches inférieures, chassez le scandale, les immoralités des couches supérieures. — Soyez conséquents. — Soyez nationaux *avant tout*. »

leur capital sérieux, stable, ils ne peuvent se livrer à des opérations sérieuses et de longue haleine, lesquelles demandent la stabilité, le terme fixe.

De là l'abandon pour le commerce, pour les industries, par ces maisons constituées pour les protéger, les fortifier. — *Mensonge! témérité* en tout et partout..

Laissons le chèque se développer, mais n'y comptons pas pour l'agriculture.

## Une question sur une contradiction importante pour l'agriculture.

En ce moment, un gros événement financier se produit et rien n'est étranger à l'agriculture.

Le *Crédit mobilier* double son capital; de 60 il le porte à 120 millions. — Grande agitation à la Bourse. — Quelle est l'intention de cette action? S'agit-il de créer de nouvelles opérations? — S'agit-il de consolider les anciennes, de fortifier l'agiotage? Telle est la question. On sait que le Mobilier est le foyer le plus pestilentiel des agitations. Depuis que ce personnage, le Mobilier, a vu repousser son ours tiré de Savoie (Banque de Savoie), il a recouru à tous expédients pour se faire des ressources... — Placez donc une banque nationale en ces mains...

Quoi qu'il en soit, nous constatons et nous approuvons, parce que de grosses affaires appellent le gros capital, le capital effectif réalisé.

Mais, à côté de cette logique, voyez un autre crédit anonyme qui pratique tout contrairement.

« La Société générale fondée pour favoriser, développer les industries de France (remarquez l'importance) s'est créée au capital de 120 millions réalisable en un an. — Cependant, et après deux exercices, elle n'en a encore appelé que le *quart*, 30.

Elle prétend n'avoir pas besoin des 3/4, soit 90 millions. Et elle s'alimente sur les capitaux en dépôts qu'elle attire en ouvrant boutiques en tous quartiers et en se faisant recommander par réclames par M. Gonet, qui affirme que les boutiques sont bien louées. Voici donc une compagnie chargée de protéger des affaires de longue haleine qui réclament l'effectif, qui prétend s'affranchir du besoin de son capital effectif.

Elle s'affranchit, en effet, en ne faisant *rien* de ce qu'elle doit faire et en faisant *tout* de ce qu'elle ne doit pas faire, c'est-à-dire l'agiotage, le prêt à court terme, l'action à l'étranger.

Mais son affirmation de pouvoir se passer du capital est fausse. C'est un *mensonge* utile à dévoiler. Elle tient, cette Société, à maintenir une prime sur ses actions. Cette prime qui a été au début de 140 francs sur 120 versés, ce qui a été un avantage de près de 40 millions, a fléchi déjà à 90. — Elle s'anéantirait si on faisait appel au capital effectif, conformément aux statuts. — Voilà le problème.

Nous verrons bien ce que fera M. le ministre des finances à propos de notre Banque de l'agriculture, — l'honorable et sans primes, etc., sera-t-il pour, sera-t-il contre?

---

# CORRESPONDANCE.

*J'adresse cette brochure* à M. le sénateur préfet de la Seine, avec lettre, pour l'informer de ma protestation au Sénat contre son rapport, pour lui soumettre mon plan de réforme de l'octroi.

*J'adresse cette brochure* avec lettre, à MM. les membres de la commission d'enquête sur la Banque pour protester contre leur refus de m'entendre à ladite enquête.

*J'adresse cette brochure*, avec lettre, à S. Exc. !M. le président du Corps législatif, avec prière de la faire parvenir à S. M. l'Empereur.

*J'adresse cette brochure*, avec lettre, à la Société impériale et centrale d'agriculture de France pour lui faire connaître mon opinion sur leur refus de s'occuper de mes travaux.

*J'adresse cette brochure*, avec lettre, à S. Exc. M. le ministre de l'agriculture, du commerce et des travaux publics, afin qu'il me connaisse.

*J'écris* à MM. les Gouverneurs, Régents, Administrateurs de la Banque, du Crédit foncier agricole, et je leur dis que, si je les ai trop froissés, je suis tout prêt à leur accorder satisfaction, même judiciairement. — Je leur saurai gré de tout ce qu'ils tenteront, ce sera grandir ma cause...

Enfin, *j'adresse cette brochure* à ceux dont j'ai cru devoir m'occuper, les critiquer, attaquer, afin qu'ils en connaissent, déclarant tout et toujours, observer les lois et usages de la franche et loyale contradiction.

Que de choses j'aurais encore à dire, que de points à prendre, à traiter. Mais, hélas, il faut savoir se modérer.

Fini le 15 février 1866.

Sorti de l'imprimerie le 24 même mois.

## Dernière prière.

Dans ce travail si délicat, si difficile à composer, je n'ai eu la pensée de blesser, d'offenser qui que ce soit. — J'ai cherché à soulever, émouvoir, exciter.

J'ai appelé à mon aide l'exact, le vrai, l'utile. — Je désire n'avoir ni mécontenté, ni froissé. — Je dois *intéresser*.

Je serais très-reconnaissant à ceux de mes honorables lecteurs qui auront à me manifester une opinion, de quelque caractère qu'elle soit, de vouloir bien me l'adresser directement, n'étant point répandu, lisant peu de feuilles publiques.

Il ne suffit pas que l'on m'approuve ou improuve tacitement, les démonstrations seules sont utiles. — Il importe encore que chacun fasse pression sur celui, sur ceux de MM. les députés qu'ils connaissent et abordent : — FUGIT IRREPARABILE TEMPUS.

Terminé, le 20 février 1866.

P. GOSSET.
130, faubourg Poissonnière.

Paris, imprimerie de Paul Dupont, rue de Grenelle-Saint-Honoré, 45.

www.ingramcontent.com/pod-product-compliance
Lightning Source LLC
Chambersburg PA
CBHW070804210326
41520CB00011B/1822